Innovationen verbreiten, optimieren und evaluieren

T0155745

Norbert Donner-Banzhoff
Stefan Bösner

Innovationen verbreiten, optimieren und evaluieren

Ein Leitfaden zur interventionellen Versorgungsforschung

Unter Mitarbeit von:
Christina Albohn-Kühne, Viktoria Bachmann, Erika Baum,
Annette Becker, Jörg Haasenritter, Oliver Hirsch, Heidi Keller,
Lena Kramer, Tanja Krones, Meike Müller-Engelmann, Susanne
Träger, Annika Viniol, Achim Wagner

 Springer

Prof. Dr. Norbert Donner-Banzhoff
Abteilung für Allgemeinmedizin, Präventive und
Rehabilitative Medizin
Philipps-Universität Marburg

Dr. Stefan Bösner
Abteilung für Allgemeinmedizin, Präventive und
Rehabilitative Medizin
Philipps-Universität Marburg

ISBN 978-3-642-32039-2
DOI 10.1007/978-3-642-32040-8

ISBN 978-3-642-32040-8 (eBook)

Die Deutsche Nationalbibliothek verzeichnet diese Publikation in der Deutschen Nationalbibliografie;
detaillierte bibliografische Daten sind im Internet über http://dnb.d-nb.de abrufbar.

SpringerMedizin
© Springer-Verlag Berlin Heidelberg 2013

Planung und Projektmanagement: Ute Meyer
Lektorat: Michaela Mallwitz, Tairnbach
Projektkoordination: Cécile Schütze-Gaukel
Umschlaggestaltung: deblik Berlin
Herstellung: Crest Premedia Solutions (P) Ltd., Pune, India

Gedruckt auf säurefreiem und chlorfrei gebleichtem Papier

Springer Medizin ist Teil der Fachverlagsgruppe Springer Science+Business Media
www.springer.com

Vorwort

»Interventionen erfolgen zur Verbesserung der Versorgung bzw. zur Implementierung wissenschaftlicher Erkenntnisse in einer hochkomplexen Umgebung« heißt es in der Einleitung. Dies folgt dem berechtigten Anspruch der Patienten, eine medizinisch notwendige, ethisch begründete, nachweislich nützliche, fachlich und qualitativ gute sowie wirtschaftlich tragbare Gesundheitsleistung zu erhalten.

Die Realität sieht allerdings anders aus. Anspruchsdenken vieler Patienten,(z. T. durch falsche Erwartungen geweckt), übertriebenes Sicherheitsdenken von Gesundheitsversorgern sowie die Einführung von neuen fraglichen Technologien führen einerseits zur Überversorgung, Personal- und Ausbildungsmängel sowie ökonomisch/administrative Zwänge wiederum resultieren in Unter- und Fehlversorgung. Vor diesem Hintergrund ist dieses Handbuch eine Hilfe für alle, die sich für eine evidenzbasierte Einführung von Innovationen im weitesten Sinn stark machen.

Das Phasenmodell zur Implementierung und Evaluation komplexer Interventionen, zurückgehend auf eine britische Initiative (Campbell et al. – Medical Research Council), bildet die Leitschiene für das gesamte Buch. Dabei wird sehr deutlich, dass nur eine intensive interdisziplinäre Kooperation vieler Wissenschaftsdisziplinen und Praktiker die Chance bietet, solche Interventionen wirksam werden zu lassen. Der vorliegende Leitfaden will keine existierenden Lehrbücher einzelner Fachdisziplinen ersetzen, sondern konzentriert sich in seinem Hauptteil auf die Spezifika von Implementierungs- und Evaluationsprozessen. Dabei dient die allgemeinmedizinische Versorgung als Beispiel; die Erkenntnisse sind aber auch für andere Sektoren des Gesundheitssystems gültig.

Unter anderem an »arriba©« wird das Phasenmodell zur Implementierung und Evaluation komplexer Interventionen exemplarisch erläutert; diese Entscheidungshilfe zur Herz-Kreislauf-Prävention wird in der Allgemeinmedizin der Universität Marburg bereits seit 10 Jahren entwickelt und fortlaufend optimiert; eine große Evaluationsstudie wurde vom Bundesministerium für Bildung und Forschung (BMBF) gefördert. Auf die hier verwendeten Methoden sowie auf weitere Methodenstandards wird in den Folgekapiteln näher eingegangen. Die Darstellung der verschiedenen Studienelemente besticht durch Praxisnähe und das Einbringen der Erfahrungen der Marburger Allgemeinmedizin aus zahlreichen Studien der Versorgungsforschung. Dabei wird eine breite Palette von methodischen Ansätzen (qualitative und quantitative Methoden) dargelegt und diskutiert. Studienplanung, -durchführung und -auswertung werden ausführlich an konkreten Beispielen erläutert. Damit ist dieser Leitfaden für Einsteiger und erfahrene Versorgungsforscher von großem praktischem Wert.

Die Motivation der Autoren leitet sich nachvollziehbar daraus ab, »dass Entwickler von Innovationen meist zäh an ihrer Idee festhalten und sich durch kritisches Feedback eigentlich gar nicht irritieren lassen wollen«. Eine Idee aufzugeben oder zumindest wesentlich zu verändern ist eher selten. Popper (Logik der Forschung 1982) hat die geistige Grundlage moderner Forschung so formuliert: »Das Staunen ist der Köder, der Zweifel ist die grundlegende Methode der Wissenschaft.« Ideen werden auf den Prüfstand gebracht, indem sie in eine Hypothese gefasst, falsifiziert oder verifiziert werden und dann in neue Hypothesen münden. Diese Philosophie wird zu selten beherzigt, da dies oft dem Streben nach Anerkennung zuwiderläuft. So entsteht ein Missverhältnis von akademisch belegten Innovationen einerseits und in der Routine des Alltags eingeführten sog. Neuerungen andererseits. Der grundlegende Fehler wird dabei meist zu Beginn des Prozesses gemacht, indem Ideen oft unzureichend bearbeitet und »Schwarzhutdenken« (Aufdecken möglicher Fehler und Unzulänglichkeiten) durch Querdenker bei der Bearbeitung der Idee als kontraproduktiv und störend angesehen werden. Hinzu kommt, dass Organisationen zwar verbal Ideenreichtum fordern, in der Wirklichkeit aber oft Anpassung belohnen. Ideen und Erkenntnisse sind zudem kultur- und zeitgebunden; das richtige Timing ist entscheidend für den Erfolg einer neuen Idee. Nur wenn es vorwärts geht, verspricht Veränderung Fortschritt. Geht es jedoch rückwärts oder stagniert sogar, kann eine Idee als Bedrohung empfunden werden.

Der vorliegende Leitfaden ist ein ehrliches und zum Teil schonungsloses Lehrbeispiel für eine »Kultur des Zweifelns« gegen Tradition und Eminenzen.

Den Autoren es gelungen, Ihrem eigenen Anspruch gerecht zu werden, indem sie – wie in der »Gebrauchsanweisung« des Buches ausgeführt – die »Weisheit des Praktikers« mit dem »Wissen aus methodisch hochwertigen Studien« miteinander versöhnen. Das Buch gehört meines Erachtens in jeden aktiven Bücherschrank eines Versorgungsforschers. Ich wünsche ihm einen hohen Verbreitungsgrad mit der Konsequenz, dass dies in Zukunft zu qualitativ besseren Studien in der Versorgungsforschung führen möge.

Im Sommer 2012

Univ.-Prof. Dr. Prof. h.c. Edmund Neugebauer
Stellvertretender Vorsitzender des Dt. Netzwerks für Versorgungsforschung
Lehrstuhl für Chirurgische Forschung
Institut für Forschung in der Operativen Medizin (IFOM)
Universität Witten / Herdecke
Ostmerheimerstraße 200
51109 Köln

Inhaltsverzeichnis

Einleitung

1

Keiner Profession wird heute noch ungefragt vertraut. Wegen ihrer Bedeutung für den einzelnen Menschen und des Umfangs der eingesetzten Ressourcen gilt dies für die Medizin in besonderem Maße. Diese kritische Aufmerksamkeit bezieht sich zu einem gewichtigen Teil auf die Frage, ob wissenschaftliche Erkenntnisse in der gebotenen Quantität und Qualität in der alltäglichen Praxis eingesetzt werden. Entsprechende Kritik bezieht sich sowohl auf einen Mangel (Unterversorgung) wie auch auf ein Zuviel (Überversorgung). Für das erste wäre die unzureichende Behandlung mit blutdrucksenkenden Mitteln ein Beispiel, das zweite Problem wird durch die Antibiotika-Verschreibung bei unkompliziertem Husten illustriert.

In den letzten Jahrzehnten sind jedoch auch die Grenzen des wissenschaftsbasierten professionellen Handelns deutlich geworden. Universitäten neigen dazu, Probleme in Isolation zu sehen bzw. Lösungen für seltene, speziell zu ihrer Sicht passende Probleme zu erarbeiten. In der Realität des allgemeinmedizinischen Alltags, aber auch in fachübergreifenden Arztnetzen oder regionalen Krankenhäusern, scheitern diese leider oft [1]. Die Vorgehensweisen, die sich Praktiker jenseits der Universität erarbeitet haben, werden zunehmend als relevant und wirksam angesehen. Diese haben sich deshalb zu einem eigenen wichtigen Forschungsfeld entwickelt [2].

Unabhängig von der Organisation des Gesundheitssystems (z. B. »Beveridge« versus »Bismarck« versus »Markt«) erfolgen Interventionen zur Verbesserung der Versorgung bzw. zur Implementierung wissenschaftlicher Erkenntnisse in einer hochkomplexen Umgebung. Dazu kommt, dass es sich im Gegensatz zu einem »einfachen« neuen Medikament selbst um komplexe Interventionen handelt. Um diesen Forschungs- und Entwicklungsprozess zu strukturieren, ist unter der Ägide des britischen Medical Research Council ein nach Phasen gestaffeltes Forschungsmodell nach Campbell [3] entwickelt worden, das in ▶ Abschn. 5.2 weiter erläutert wird. Kern des Programms ist eine kontinuierliche Abfolge von Kreisen, in denen systematisch die Rückmeldungen der Beteiligten (Ärzte und andere Gesundheitsprofessionen, Patienten) eingeholt werden, um die Wirksamkeit einer Intervention abzuschätzen, weiter zu optimieren und im nächsten Schritt wieder zu prüfen.

Dieses Forschungsparadigma setzt eine intensive interdisziplinäre Kooperation voraus. Neben den verschiedenen medizinischen Versorgungsdisziplinen sind Sozialwissenschaften und Psychologie (qualitativ und quantitativ orientiert), klinische Epidemiologie, Biostatistik und Organisationswissenschaft von Bedeutung, um einen Entwicklungs- und Erprobungszyklus, wie den hier beschriebenen, erfolgreich umzusetzen.

Neben wissenschaftlicher Neugier ist bei den hier diskutierten Innovationen immer das »summative« Moment vorhanden: Entwickler/Forscher müssen gegenüber ihrer Wissenschaftlergemeinde und Förderern Rechenschaft ablegen, ganze Professionen werden kritisch gefragt, wie innovativ sie sind und ob ihre Arbeit angemessen ist. Beide Gesichtspunkte – formative und summative Evaluation[1] – motivieren die hier besprochenen Projekte und halten sie am Leben, aber sie können zu widersprüchlichen Fragestellungen, Vorgehensweisen und Interpretationen führen.

---

1   »Formative Evaluation« meint ein offenes Feedback, mit dem (Lern-) Verhalten optimiert werden soll, der Betroffene hat hier nichts zu fürchten; Beispiel: eine Probeklausur. Bei einer »summativen Evaluation« soll nach außen dargestellt werden, dass erforderliche Kompetenz vorhanden ist; hier droht ein Nicht-Bestehen, wenn ein Mindeststandard nicht erreicht ist; Beispiel: Staatsexamen.

Eine Gebrauchsanweisung

2

Dieses Buch soll denjenigen Lesern eine Hilfe sein,

- die innovative Formen der medizinischen Versorgung entwickeln – das mag eine Leitlinie sein, ein Behandlungspfad, eine Beratungsstrategie oder eine neue Organisationsform;
- die eine Innovation systematisch erproben, optimieren und/oder auf ihre Wirksamkeit prüfen.

Der vorliegende Leitfaden will eine Hilfe für diesen Prozess geben. Der Fokus liegt hierbei auf der »frühen« Phase der Entwicklung und Erprobung. In dieser Phase ist das Feedback der Betroffenen besonders wichtig, und hier fehlen Lehrbücher und verlässliche methodische Anleitungen. Natürlich sind die Standardwerke zu Biostatistik und klinischen Studien [4], der klinischen Epidemiologie [5, 6], der Psychometrie [7], der qualitativen Forschung [8–10], der Surveytechniken [11], des Interviews [12], der ärztlichen Fortbildung [13] auch bei den hier diskutierten Projekten hilfreich; im folgenden Text wird auf solche Quellen verwiesen.

Dieser Leitfaden konzentriert sich auf die Spezifika von Implementierungs- und Evaluationsprozessen in der medizinischen Versorgung. Zwar haben die Autoren v. a. in dem Bereich der hausärztlichen Versorgung ihre Erfahrungen gesammelt; die hier diskutierten Lösungen sind aber für sämtliche Fach- und/oder Berufsgruppen bzw. Einrichtungen im ambulanten und stationären Bereich relevant.

Wir richten uns v. a. an Wissenschaftler (Studienleiter, wissenschaftliche Mitarbeiter, Doktoranden), die Studien mit entsprechenden Fragestellungen planen und durchführen. Unabhängig vom Förderer, also auch bei Projekten aus Eigenmitteln einer Universitätsabteilung, ist ein detailliertes Studienprotokoll der erste Schritt. Es hilft, sich über seine Forschungsfrage klar zu werden, gute Entscheidungen zu Studiendesign, Datenerhebung und Datenauswertung zu treffen, aber auch nach außen Rechenschaft abzulegen (z. B. Vorlage bei der Ethikkommission). Zu dieser Planung, aber auch zur praktischen Implementierung und Auswertung der Ergebnisse (Teilaspekte) will dieser Leitfaden eine Hilfestellung geben.

Die Autorinnen und Autoren sind in einer forschenden Universitätsabteilung für Allgemeinmedizin tätig. Tatsächlich sind wissenschaftlich tätige Allgemeinmediziner mit den meisten der von ihnen bearbeiteten Fragestellungen mitten in der Versorgungsforschung angesiedelt. Im Gegensatz dazu verfolgen die meisten anderen klinischen Fächer auch Fragestellungen in Grundlagenforschung und klinischer Forschung. Die Versorgungsforschung ist erst in den letzten Jahren zu einem relevanten – und heute immer noch meist nachrangigen – Forschungsfeld geworden. Da in der Allgemeinmedizin Grundlagenforschung praktisch keine Rolle spielt, besteht andererseits im Bereich der Versorgungsforschung bereits ein großes Volumen an Erfahrungen und Erkenntnissen.

Von allgemeinmedizinischen Universitätsabteilungen wurden in den vergangenen Jahren mehrere Versorgungsinnovationen in kontrollierten Studien erprobt. Thematisch ging es dabei unter anderem um Rückenschmerzen, Arthrose, kardiovaskuläre Prävention, ärztliche Fortbildung und Informationsmanagement, sowie Leitlinien (Praxistest) und die Verschreibung von Antibiotika bei respiratorischen Infekten. Die Akteure haben es vermieden, den Praktikern »draußen« brachial neue Konzepte überzustülpen; vielmehr wurde versucht, die »Weisheit des Praktikers« und das Wissen aus methodisch hochwertigen Studien (klinische und Versorgungsforschung) miteinander zu versöhnen. Dazu müssen – und das ist ein roter Faden dieser Projekte – Erfahrungen und Urteile der an der Umsetzung Beteiligten gesammelt und systematisch ausgewertet werden.

Man kann in den letzten Jahren eine Inflation von Praxistests, Pilotstudien, Evaluationen, Aktions- und partizipativer Forschung beobachten; dabei drängt sich jedoch oft der Eindruck auf, als solle eine Pflichtübung absolviert werden. Tatsächlich halten die Protagonisten (Entwickler) zäh an ihrer Idee fest und wollen sich durch kritisches Feedback eigentlich gar nicht irritieren lassen. Dies führt dann dazu, dass im sozialen wie im medizinischen Bereich ein Missverhältnis von akademisch erforschten Innovationen einerseits (häufig) und tatsächlich in der Routine des Alltags durchgesetzten Neuerungen andererseits (ganz selten) besteht. Das hier dargelegte Vorgehen macht nur Sinn, wenn man so offen und selbstkritisch ist, seine Idee nach der Pilotierung aufzugeben oder zumindest wesentlich zu verändern [14].

Wir haben uns bemüht, dieses Buch so zu strukturieren, dass interessierende Kapitel separat gelesen werden können. Je nach Relevanz eines Themas, nach dessen Behandlung in bereits vorhandenen Standardwerken sowie unserer eigenen Kompetenz haben wir die Breite und Tiefe der einzelnen Kapitel gestaffelt. So haben wir einschlägige Studiendesigns, relevante theoretische Vorstellungen und Möglichkeiten der Datenerhebung (z. B. Interview, Routinedokumentation) recht ausführlich behandelt. Bei anderen Themen – z. B. der statistischen Auswertung – verweisen wir überwiegend auf die gängigen Lehrbücher; lediglich die Problematik cluster-randomisierter Studien wird behandelt, da diese für die interventionelle Versorgungsforschung zentral ist, andererseits aber in Standardlehrbüchern gar nicht oder unzureichend behandelt ist.

Übergreifendes Ziel unserer Ausführungen ist dabei immer die Aktionsfähigkeit des Wissenschaftlers; deshalb finden Sie in diesem Buch auch viel Erfahrungswissen (»Ratschläge«) und nicht (nur) vom hohen Ross herab verkündete Normen.

Das Gebiet ist durchaus noch neu, sodass wir das Gefühl haben, Verbesserungen und Ergänzungen können dieses Werk bereichern. Wir freuen uns deshalb über entsprechende Rückmeldungen.

Definitionen

3

Wissenschaft zielt auf Aussagen, die sich auf andere Menschen oder Bereiche verallgemeinernd anwenden lassen. Damit dies möglich ist, unterwerfen sich Wissenschaftler einem Regelwerk der Erkenntnis, auf das sich eine Gemeinschaft geeinigt hat; damit soll Erkenntnis transparent, für andere nachvollziehbar und damit kritisierbar werden; Fehler durch Zufallsschwankungen, Confounding oder Verzerrungen (Bias) sollen damit minimiert werden.

Wenn die eigene Neugier (oder die eines Auftraggebers oder Kostenträgers) zur Evaluation eines bestimmten Programms motiviert, ist dieses Interesse nicht wesentlich anders. Auch hier will man Fehler und Verfälschungen vermeiden, sowie den Prozess der Erkenntnis nachvollziehbar gestalten. Deshalb werden auch im Rahmen eines Qualitätsmanagements oder der Lehrevaluation »wissenschaftliche« Methoden eingesetzt. Das Ausmaß, in dem dies geschieht, dürfte eher von den personellen bzw. materiellen Ressourcen abhängen als von der Zielsetzung oder grundsätzlichen methodischen Überlegungen. Die Grenzen der Wissenschaft sind also durchaus fließend. Je eher Menschen selbstkritisch versuchen, störende Einflüsse und Verzerrungen zu minimieren, desto eher praktizieren sie Wissenschaft.

In diesem Text wird der Begriff der *Evaluation* übergreifend für eine systematische Erfassung der Wirksamkeit einer Maßnahme, sei dies eine randomisierte kontrollierte Wirksamkeitsstudie oder die Erhebung im Rahmen des Qualitätsmanagements einer einzelnen Praxis, verwendet. Mit *Entwicklung* liegt die Betonung auf der Schaffung einer innovativen Problemlösung. Zunächst wird diese an eher kleinen, ausgewählten Stichproben einer ersten *Erprobung* unterzogen, auch *Praxistest* genannt; diese Phase dient primär der *Optimierung* der Innovation. Ob sie tatsächlich die erwartete Wirkung entfaltet, kann erst in *Wirksamkeitsstudien* untersucht werden. Diese lassen sich wiederum weiter unterteilen. *Explanatorische* Studien zielen darauf ab, zunächst unter optimalen Bedingungen herauszufinden, ob die Neuerung funktionieren *kann*. Als Begründung einer Empfehlung für den Alltag taugt jedoch nur die *pragmatische* Studie, welche unter realistischen, lebensnahen Bedingungen einen Wirksamkeitsnachweis erbringt. Der übergreifende Begriff der Wirksamkeit wird im Englischen differenziert nach »efficacy« (funktioniert unter idealen Bedingungen) und »effectiveness« (funktioniert unter alltäglichen Bedingungen).

Die *Interventionen*, mit denen wir es zu tun haben, beschreiben meist komplexe Vorgänge, wie z. B. Beratungsverfahren, Versorgungsprogramme, Dokumentationshilfen und edukative Maßnahmen. Die hier diskutierten Überlegungen decken sich aber weitgehend mit der Evaluation von Medikamenten oder operativen Verfahren in der klinischen Forschung.

Die vielfältigen Erwartungen, die sich an die »Evaluation« knüpfen, kommen in den von Stockmann beschriebenen Funktionen zum Ausdruck [15]:

- Erkenntnisfunktion: es werden Daten gesammelt und ausgewertet, um Entscheidungen zu begründen und verallgemeinerungsfähiges Wissen zu erlangen,
- Kontrollfunktion: es sollen Mängel und negative Effekte einer Intervention erkannt und behoben werden,
- Dialog-/Lernfunktion: den Beteiligten sollen Informationen geliefert werden, um den evaluierten Prozess einschätzen zu können,
- Legitimierungsfunktion: es soll gezeigt werden, ob der in ein Programm investierte Aufwand in einem sinnvollen Verhältnis zu den Ergebnissen steht.

Sämtliche dieser Aspekte sind für die hier behandelten Projekte von Bedeutung. Sie gelten in typischer Weise auch für die Aktivitäten der Versorgungsforschung [16].

Bei Verfahren, welche der Verbreitung einer Neuerung dienen, unterscheidet man drei Wege bzw. Intensitäten. Von *Diffusion* spricht man, wenn sich sozusagen keiner um die Angelegenheit kümmert – die Neuigkeit verbreitet sich »von selbst«. Werden dagegen explizit Instrumente eingesetzt, welche eine Verbreitung begünstigen, sprechen wir von *Dissemination*. Die Steigerung davon ist eine wohlüberlegte, mehrere sich ergänzende Elemente umfassende Strategie, die *Implementierung*. Im internationalen Sprachgebrauch werden die Begriffe nicht immer klar getrennt. »Dissemination« wird oft in Situationen angewandt, wo im Sinne der oben definierten Implementierung vorgegangen wird.

Stand des Wissens und theoretischer Hintergrund

4.1 Zielgruppen verstehen

Dafür, dass die Verbreitung von Innovationen gelingt, ist das Verständnis der Zielgruppe und des Kontexts eine entscheidende Voraussetzung. Hier kann man von Erfolgen im kommerziellen Bereich lernen. Das Geheimnis erfolgreicher Vermarktungskampagnen sind nicht allein die dafür investierten Millionen, sondern die genaue Kenntnis des Verbrauchers: seiner Ansichten, seiner Bedürfnisse und seines Bedarfs (»consumer orientation«).

Wir werden deshalb hier einige grundsätzliche Überlegungen anstellen, wie Ärzte, Pflegepersonal, medizinische Fachangestellte und andere Berufsgruppen »ticken«; denn nur mit einem solchen Verständnis wird es gelingen, erfolgversprechende Interventionen zu entwickeln.

Ein erster Schritt besteht darin, die eigene missionarische Grundeinstellung zu hinterfragen. Die »hinterwäldlerischen Hausärzte«, denen nun gezeigt werden soll, was gute Medizin ist, haben immerhin Lösungen für ihre Alltagsprobleme entwickelt. Diese mögen durchaus noch Raum für Verbesserungen bieten, aber erst einmal funktionieren sie – auch in der überfüllten Montagmorgen-Sprechstunde, beim Hausbesuch am Dorfende oder für das Gespräch mit der 87-jährigen schwerhörigen alten Dame. Was an einer universitären Abteilung entwickelt wurde, muss diesen Test noch bestehen! Neugieriger Respekt ist deshalb eine produktive Alternative zur oben skizzierten, eher negativen Haltung.

4.1.1 Der Sinn von Routinen

Alle Gesundheitsprofessionen lösen spezifische Aufgaben; die dazu angestellten Überlegungen bewegen sich auf dem sogenannten kognitiven Kontinuum [17]. Dieses reicht von schnellen, automatisch und kaum bewusst ablaufenden Prozessen (»intuitiv«) auf der einen Seite bis hin zu bewussten, überlegten und deshalb langsamen Prozessen auf der anderen Seite (»analytisch«).

Der intuitive Teil ist der stammesgeschichtlich ältere, mit ihm lösen Menschen ihre normalen Alltagsaufgaben [18]. Wenn sich diese wiederholen, führen sie zu Routinen, d. h. automatisch ablaufenden Programmen. Auch wenn dies von Lehrenden immer wieder beklagt wird, so ist die Ausbildung von Routinen unausweichlich. Immerhin bekommt man dadurch den Kopf »frei« für schwierige und ungewöhnliche Probleme, die ein analytisches Vorgehen erfordern. Neurowissenschaftler weisen darauf hin, dass Menschen zwar eine sehr große »Festplatte« (Langzeitgedächtnis) haben, aber nur einen sehr begrenzten »Arbeitsspeicher«, d. h. es können gleichzeitig nur eine geringe Zahl von Fakten erinnert oder Faktoren bedacht werden. Entwickelte Routinen helfen also, den Arbeitsspeicher für alltägliche Aufgaben zu entlasten.

Die Kehrseite ist natürlich, dass solche ins Halbbewusste abgesunkenen Denk- und Verhaltensweisen sehr stabil sind. Diese in Frage zu stellen oder gar zu ändern erfordert unter Umständen einen großen Kraftaufwand. Deshalb werden Appelle zur Verhaltensänderung meist abgeblockt, was von denjenigen, die sie aussprechen, bitter beklagt wird. Dabei handelt es sich auch um einen Schutzmechanismus der Angesprochenen, dessen Nutzen beispielsweise bei der Medikamentenverschreibung offensichtlich ist. Es ist schwer vorstellbar, dass ein Arzt auf jede Empfehlung, ein Medikament zu verschreiben, sogleich reagiert – sei dies die Pharmawerbung, eine kollegiale Empfehlung oder ein Artikel in einer Zeitschrift. Er würde völlig den Überblick verlieren, zahlreiche Medikamente verschreiben, die er nicht genügend kennt, und damit ein Risiko für seine Patienten darstellen. Ein begrenztes Repertoire, das man nur mit großer Zurückhaltung ändert, gilt heute als Merkmal qualifizierten Verschreibens (sog. Individualliste). Man muss sich also etwas Besonderes einfallen lassen, um auf dem lärmenden Jahrmarkt der Neuigkeiten gehört zu werden.

4.1.2 Templates, Strukturen, Drehbücher

Neuankömmlingen in entscheidungsorientierten Professionen wird oft gesagt, sie sollten zunächst eine große Zahl von Informationen sammeln und dann sorgfältig eine Entscheidung treffen. Tatsächlich entscheiden die Erfahrenen, die ein solches Vorgehen propagieren, in ihrer eigenen Praxis ganz anders. Hier wird rasch, oft auf Grund spärlicher Information und unter Zeitdruck entschieden. Die Präsentation eines Falls, sei dies ein Patient, ein Rechtsfall oder eine Software-Störung, triggert in der Vorstellung des Erfahrenen sehr früh feste Bilder bzw. Strukturen, und zwar aus einem sich rasch einengenden Entscheidungsraum. In der Medizin haben diese Bilder (»Krankheitsbilder«) einen Bezug zu früher gesehenen Patienten; in ihrer logischen Struktur entsprechen sie Drehbüchern (»Scripts«), welche die vorhandenen Informationen in einen sinnvollen (z. B. kausalen) Zusammenhang bringen [19]. Damit wird eine Klassifizierung (z. B. Diagnose) möglich, woraus wiederum prognostische Informationen abgeleitet werden können und sich ggf. Möglichkeiten zur Intervention ergeben.

Mit solchen Strukturen (»Templates«) lässt sich Erfahrung in einer breiten Palette von Professionen verstehen, wobei diese Gegebenheiten oft jenseits des verbalisierbaren Bewusstseins liegen [20]. Was auch immer verbreitet und evaluiert werden soll, muss sich in diesen kognitiven Kontext integrieren lassen.

4.1.3 Schichten

Zwar sind Ärzte eigentlich ganz vernünftige Leute, aber oft lässt sich ihr Verhalten mit medizinischer Rationalität allein nicht plausibel erklären. Bei der Entscheidung, ob bei unklaren Kopfschmerzen ein MRT oder CT des Kopfes durchgeführt werden soll, geht es nicht nur um die (sehr geringe) Wahrscheinlichkeit einer ernsten Erkrankung. Es geht auch um Unsicherheit, um Angst und deren Bewältigung – bei Arzt und Patient. Manche medizinischen Maßnahmen haben ihre Bedeutung eher im Bereich des Symbolischen oder Rituellen (z. B. Verschreibung »eigentlich« unwirksamer Medikamente). Diese werden in einem Kommunikationsprozess verhandelt, in dem die Erwartungen und Wünsche der Patienten durchaus ihr Gewicht haben. Und schließlich spielen wirtschaftliche Überlegungen in den Entscheidungsprozess hinein, sei dies die Mikroebene (wirtschaftlicher Anreiz durch eine Gebührenordnung) oder die Makroebene des Gesundheitssystems (Verpflichtung zur

❏ Abb. 4.1   Schichten ärztlichen Verhaltens

wirtschaftlichen Verordnung). Über all diese Dinge spricht man nicht so gern; so wie sich bei einem Eisberg die entscheidenden Teile unter Wasser befinden, liegen die eigentlichen Beweggründe für medizinische Entscheidungen oft »unter der Oberfläche« (❏ Abb. 4.1). Dies hat auch mit den »wahren Gründen« zu tun, aus denen Menschen einen Arzt aufsuchen. Eine Heilung im biomedizinischen Sinne (»Reparatur«) haben die wenigsten im Sinn. Viele Menschen wissen, dass dies oft weder möglich und manchmal auch gar nicht wünschenswert ist. Vielmehr geht es um Beruhigung in Bezug auf die Prognose, Anerkennung und Legitimierung des Leidens, das Lösen von Angst und um Trost in schwierigen Lebenssituationen.

Bei der Verbreitung von Neuigkeiten geht es oft um Negativziele; so sollen z. B. Ärzte bei unspezifischen Rückenschmerzen keine Röntgenaufnahmen veranlassen und keine Spritzen geben. Denn beide Maßnahmen sind nicht nur wirkungslos, sondern verfestigen beim Patienten schädliche Vorstellungen und Gewohnheiten (»Chronifizierung«) [21]. Leider lassen sich Röntgenaufnahmen und Spritzen nicht so einfach aus dem Repertoire streichen; sie haben offenbar Wirkungen in den tieferen Schichten des Eisbergs, Patienten und Ärzte nehmen nur ungern Abschied davon… Wer dies ignoriert, wundert sich dann, dass die gut gemeinten Appelle auf wenig fruchtbaren Boden fallen.

4.1.4 Soziale Wesen

Die Angehörigen der Gesundheitsprofessionen, die Sie beeinflussen wollen, sind soziale Wesen. Die Untersuchungen von Rogers [22] (▶ Abschn. 4.2) stellen die sozialen Mechanismen auf der Ebene lokaler »Communities« in den Mittelpunkt. Obwohl beispielsweise Hausärzte überwiegend in Einzel- und Doppelpraxen arbeiten und im Sprechzimmer nur mit ihren Patienten zusammen sind, wird ihr Handeln stark von beruflichen Normen beeinflusst. Am Wohlsten fühlt man sich, wenn man sich bei seinem Handeln im Gleichklang mit diesen Normen weiß. Die Neigung, Neuerungen kennen zu lernen und vielleicht sogar auszuprobieren, ist bei verschiedenen Praktikern oder auch Krankenhausärzten sehr unterschiedlich ausgeprägt. Deshalb ist es wichtig, diese lokale Struktur zu kennen. Wer gibt den Ton an? Auf wen hört man? Die pharmazeutische Industrie weiß längst, wie man die Verhältnisse nutzt: sie gewinnt regionale Meinungsbildner (»local opinion leaders«) für ihre Sache und spannt diese dann in ihre Kampagne ein. Wenn Kollegen sehen, dass »der das schon so macht«, fällt die Umstellung leichter. Auch eine universitäre Einrichtung oder ein Projektteam können zur Implementierung neuer Forschungsergebnisse diese Möglichkeit einer lokalen Meinungsführerstrategie nutzen.

Wenn man etwas Neues ausprobiert, ist man oft noch unsicher bzw. ambivalent. In dieser Phase ist das direkte Feedback von Patienten wichtig [23]. Die Ergebnisse großer klinischer Studien sind sicher von Bedeutung, aber was Patienten ihren Ärzten direkt zurückmelden, hat eine ungleich größere Wucht. Deshalb sollte jegliche Verbreitungsmaßnahme auch in den Augen von Patienten eine gewisse Überzeugungskraft besitzen.

Dazu kommt, dass mit wachsender Komplexität in den Aufgaben und Abläufen medizinischer Versorgung zunehmend das »Team« die eigentliche leistungserbringende Einheit wird. Dies gilt sowohl für die traditionelle Einzelpraxis mit einer oder mehreren Arzthelferinnen, wie auch für ein multidisziplinäres Krankenhausteam. Darüber hinaus ist auch die Einzelpraxis für eine optimale Versorgung einzelner Patienten auf das Zusammenwirken verschiedener Professionen (Physiotherapeuten, Apotheker, Krankenschwestern, -pfleger, spezialisierte Fachärzte) und Einrichtungen angewiesen. Die zunehmende Zahl von Gruppenpraxen und Versorgungsnetzen im ambulanten Bereich dokumentiert die weit entwickelte Realität intra- und interprofessioneller Kooperation.

Implementierungsstrategien müssen also zunehmend »Aggregate« (Praxen, Stationen, Krankenhäuser, Praxisnetze usw.) als »lernende« und »entscheidende« Einheiten auffassen [24] und die Kombination der hier gewonnenen Einsichten und Expertisen auch als kollektives Wissen verstehen [25]. Um tatsächlich Verhaltensänderungen auf dieser Ebene zu erreichen, müssen die Interessen und Gegebenheiten aller beteiligten Berufsgruppen berücksichtigt werden. Auf diesem Weg sind Barrieren zu überwinden, wie unterschiedliche Fachsprachen und professionelle Kulturen, differierende zeitliche und organisatorische Abläufe, wie auch Vergütungssysteme, Statusunterschiede oder Fachkonkurrenz.

Die Strukturen von Organisationen und deren Lernfähigkeit sind in den letzten Jahren in den Mittelpunkt des Interesses gerückt [26]. Einrichtungen des Gesundheitswesens können sich hier an bereits weit entwickelten theoretischen und praktischen Ansätzen aus Sozialwissenschaften und Betriebswirtschaft orientieren [27].

4.1.5 Konsequenzen

Aus diesen Überlegungen lassen sich einige Konsequenzen formulieren:

- Neuerungen sollten als konkrete, praktikable, routinefähige Verhaltenssequenz konzipiert werden.
- Wenn dies im Planungsstadium nicht gelingt (meist sind Zeit und Komplexität die größten Hindernisse), ist eine erfolgreiche Implementierung sehr unwahrscheinlich.
- Es ist wichtig, die »tieferen Schichten«, die von Ihrer Intervention berührt werden, zu erkunden.
- Im Fall einer »klinischen Dekonstruktion« (»Ihr sollt dies nicht mehr tun!«) ist man gut beraten, zusammen mit der Zielgruppe eine Alternativlösung zu erarbeiten.
- Diese Aufgaben lassen sich nur mit einem intensiven Meinungsaustausch mit den Betroffenen (einschließlich der Patienten und nichtärztlichen Professionen) und mehrfachem Ausprobieren erfüllen.

Dies bezieht sich nur auf den zu verbreitenden Inhalt einer Neuerung; dazu kommen noch Überlegungen bezüglich der Verbreitungsstrategie (▶ Abschn. 4.7).

4.2 Innovations-Entscheidungs-Prozess nach Rogers

Informationen über eine neue Art, Probleme anzugehen, lösen bei den Adressaten einen definierten Prozess der Abwägung, Entscheidung und Umsetzung bzw. Ablehnung aus. Klassisch wurde dieser Prozess von Rogers [22] formuliert. Er unterscheidet folgende Schritte:

- Kenntnis einer Innovation (»knowledge«)
- Überzeugung (»persuasion«)
- Entscheidung (»decision«)
- Umsetzung (»implementation«)
- Bestätigung (»confirmation«)

Zunächst muss ein Betroffener überhaupt von der Innovation erfahren. Es kommt dann zu einem Abwägen der Gesichtspunkte, die dafür sprechen, und denjenigen, die eher für die überlieferte Herangehensweise sprechen. Dies führt zu einer Entscheidung, die in der Regel zur Ablehnung führt (Stabilität unserer Einstellungen und Routinen!), manchmal aber zur Annahme mit der Absicht, die Neuigkeit in die Tat umzusetzen. Zunächst ist dies noch eine prekäre Angelegenheit: schon ein einzelner negativer Eindruck (unzufriedener Patient!) kann dazu führen, dass man wieder zu der alten Methode zurückkehrt. Das innovative Verhalten bedarf also der mehrfachen Bestätigung, bis es sich als Routine etabliert hat, über die nicht nachgedacht wird und die durch Abblocken neuerer Ideen »geschützt« ist.

Diese Schritte, die grundsätzlich auch für andere Professionen und Kulturen gelten, können helfen, eine Intervention, die eine Verhaltensänderung einer Zielgruppe bewirken soll, sinnvoll zu strukturieren. An welchem der o. g. Schritte befinden sich die Betroffenen gerade? Was kann dabei helfen, einen Schritt weiterzukommen? Wann geht es um Information, wann um Überzeugung und wann um Bestätigung?

Auf Rogers gehen auch wesentliche Überlegungen zum Zusammenhang von Attributen einer Innovation und ihrer Wirksamkeit zurück [28]:

- *Relativer Vorteil* (aus der Sicht der Angesprochenen) – dies ist eine notwendige Vorbedingung einer erfolgreichen Implementierung, aber natürlich nicht hinreichend.
- *Vereinbarkeit* – mit den Wertvorstellungen und Routinen der Zielgruppe.
- *Komplexität* – einfache Neuerungen werden eher umgesetzt, höhere Komplexität muss didaktisch berücksichtigt werden (Demonstrationen, Übungen).
- *Testbarkeit* – eine Innovation, die ohne Schaden ausprobiert werden kann, wird eher in die Routine übernommen.
- *Sichtbarkeit* – unmittelbare Erfahrungen der positiven Wirkungen sind günstig, eine positive Rückmeldung von Patienten ist hier besonders wichtig.
- *Re-Invention* – Modifikation bzw. Anpassung der Innovation durch die Zielgruppe der zukünftigen Benutzer erhöht die Anwendungswahrscheinlichkeit.

Das Kriterium des relativen Vorteils zielt natürlich auf den Schritt der Überzeugung im zuvor dargelegten Modell. Die fehlende Sichtbarkeit stellt bei präventiven Aktivitäten, deren Erfolg nur langfristig eingeschätzt werden kann und in einem Nicht-Ereignis besteht, oft ein Implementierungshindernis dar. Auf eine Re-Invention muss man sich grundsätzlich einstellen: die Zielgruppe wird die angebotene Neuerung in kreativer Weise einsetzen und umgestalten. Anstatt sich darüber zu ärgern, sollte man diese Änderungen systematisch erfassen und für die Zukunft nutzen, um das jeweilige »Produkt« weiter zu optimieren.

Greenalgh et al. [28] weisen in ihrer Übersicht auf weitere Faktoren hin (Auswahl):

- *Fuzzy boundaries* – komplexe Interventionen beinhalten einen »harten Kern«, der zur Definition unverzichtbar dazu gehört und wie vorgeschlagen implementiert werden sollte, und eine »weiche Peripherie«, d. h. Strukturen, Systeme und Instrumente, die zur Einpassung in die Zielumgebung verändert werden können;

- *Risiko* – Unsicherheit über das Ergebnis bzw. gravierende Folgen bei Misslingen stellen ein Implementierungshindernis dar;
- *Erforderliches Wissen* – je mehr zusätzliches Wissen erforderlich ist, desto geringer die Umsetzungschance;
- *Support* – Unterstützung bei neuartigen Technologien erhöht die Chance der Umsetzung.

4.3 Motivation und »Stadien der Veränderung«

Die im vorhergehenden Abschnitt dargelegten Schritte des Innovations-Entscheidungs-Prozesses nach Rogers stellen eine bemerkenswerte Analogie zum Modell »Stadien der Veränderung« (Transtheoretisches Modell) in der Gesundheitsberatung von Patienten dar [29]. In beiden Fällen geht es um das Verständnis von Verhalten und dessen Veränderung. Ziel ist in beiden Fällen, diesen Prozess zu beeinflussen (mehr Gesundheit; höhere Versorgungsqualität).

In dem Modell werden die Stadien der Motivation beschrieben, die für eine Verhaltensänderung notwendigerweise durchlaufen werden müssen. Diese Abfolge ist auf das Rauchen und andere Suchtbereiche anzuwenden, aber auch bei körperlicher Aktivierung, Einhaltung einer Diät oder regelmäßiger Medikamenteneinnahme.

- Absichtslosigkeit (*»precontemplation«*): Der Betroffene zeigt keine Absicht, sein Verhalten zu verändern; in diesem Stadium wird auf enthusiastische Überzeugungsversuche meistens mit Widerstand reagiert. Damit wird eine Verhaltensänderung noch unwahrscheinlicher als sie es vorher schon war.
- Absichtsbildung (*»contemplation«*): Hier beginnen Überlegungen, das Zielverhalten anzunehmen, jedoch ist die Einstellung dazu noch ambivalent; altes und neues Verhalten liegen noch im Widerstreit;
- Vorbereitung (*»preparation«*): Jetzt ist die Ambivalenz überwunden und der Entschluss zur Verhaltensänderung gefallen, z. B. als Neujahrs-Vorsatz.
- Handlung (*»action«*): Zum ersten Mal wird die Verhaltensänderung sichtbar, die vorherigen Stadien haben sich nur im Bewusstsein abgespielt. Jemand zeigt die Verhaltensänderung, welche aber noch weniger als 6 Monate aufrecht erhalten wurde.
- Aufrechterhaltung (*»maintenance«*): Die Beibehaltung des Zielverhaltens (z. B. Alkoholabstinenz) erfordert aktive Anstrengungen, jederzeit ist ein Rückfall auf die früheren Stadien möglich.

Auch wenn keine dieser Phasen übersprungen werden kann, so ist die Dauer der Phasen unterschiedlich lang und der Verlauf meist nicht linear. Durch Rückfälle zeigen sich häufig spiralförmige Verläufe; so wird die Stufe der Aufrechterhaltung (Stabilisierung) oft erst nach mehreren Rückfällen erreicht. Interventionsbemühungen zielen grundsätzlich darauf ab, Patienten den Übergang in das nächste Stadium zu erleichtern.

Setzt man für »Rauchen« eine überholte oder gar gefährliche Behandlung ein und für »regelmäßige Teilnahme an Früherkennungsuntersuchungen« die Beachtung einer evidenzbasierten Leitlinie, dann sind die Parallelen offensichtlich. So wie das Modell helfen kann, Gesundheitsberatung auf den einzelnen Patienten zuzuschneiden, so kann es genauso helfen, Implementierungsmaßnahmen wirksamer als bisher zu gestalten.

Natürlich sind die Möglichkeiten der Individualisierung begrenzt, wenn Sie sich an eine – unter Umständen sogar heterogene – Gruppe wenden. Trotzdem können didaktische Elemente eingebaut werden, die auf Teilnehmer in den jeweiligen Stadien eingehen:

- Kurzer, prägnanter Impulsvortrag bei einer thematisch anders gelagerten Veranstaltung (z. B. regionaler Kongress eines Berufsverbandes) ggf. ergänzt durch eine Videosequenz erfolgreicher Umsetzung – Ziel: von der Absichtslosigkeit in die Absichtsbildung;
- Umsetzungshilfen, z. B. Kitteltaschen-Version oder unterstützende Software – Ziel: von der Absichtsbildung oder Vorbereitung in die Handlung;
- Angebot von Unterstützung bei Problemen der Anwendung (Telefon-Hotline) oder Feedback über bereits umgesetzte Maßnahmen – Ziel: von der Handlung in die Aufrechterhaltung.

Das Transtheoretische Modell hat durchaus seine Kritiker; eine alternative Auffassung sieht Verhaltensänderungen als ein plötzliches Ereignis (»Katastrophe«), welches das Ergebnis eines Staus von Gegenargumenten und –empfindungen ist [30]. Auch dieses Modell dürfte für den professionellen Sektor seine Berechtigung haben. Der große Vorteil des Stadien-Modells ist jedoch, dass es dem Handelnden hilft, seine Maßnahmen zu durchdenken und zu einer wirkungsvollen Strategie zu kombinieren.

4.4 Theorie des geplanten Verhaltens

Verhaltensänderung ist ein komplexer Prozess, der mit seinen Stufen und Hürden durch das folgende Zitat des Verhaltensforschers Konrad Lorenz recht gut umschrieben wird:
- Gesagt ist noch nicht gehört.
- Gehört ist noch nicht verstanden.
- Verstanden ist noch nicht einverstanden.
- Einverstanden ist noch nicht angewandt.
- Angewandt ist noch nicht beibehalten.

Verhaltensänderungen finden vor dem Hintergrund von Einstellungsänderungen statt, die näher zu betrachten eine wichtige Grundlage zur Planung und Umsetzung von Innovationen darstellt. In der Psychologie sind Einstellungen ein zentraler Begriff, sodass Erkenntnisse aus diesem Bereich bei der Implementierung von (medizinischen) Innovationen weiterhelfen können. Dabei wird an dieser Stelle vorrangig auf die genuin aus der Sozialpsychologie stammende *Theorie des geplanten Verhaltens* eingegangen [31].

Die *Theorie des geplanten Verhaltens* kann als Erweiterung der *Theorie des überlegten Handelns* [32] verstanden werden, welche ursprünglich entwickelt wurde, um den Zusammenhang zwischen Einstellung und Verhalten zu erklären. Da sich Einstellungen allein zur Vorhersage von Verhalten(sänderung) als nicht hinreichend erwiesen haben, gilt nach der *Theorie des überlegten Handelns* die Verhaltensabsicht (»intention«) als wichtigster und unmittelbarer Prädiktor des tatsächlichen Verhaltens. Diese wiederum wird durch die Einstellun-

gen des Individuums gegenüber einer bestimmten Verhaltensweise sowie durch die subjektive Norm, d. h. den von der Person wahrgenommenen sozialen Druck, ein bestimmtes Verhalten zu zeigen, bestimmt.

In den 80er Jahren des vergangenen Jahrhunderts wurde die *Theorie des überlegten Handelns* von Ajzen durch die Hinzunahme einer weiteren Komponente zur Vorhersage der Verhaltensintention, der sog. wahrgenommenen Verhaltenskontrolle, zur *Theorie des geplanten Verhaltens* weiterentwickelt. Dabei meint wahrgenommene Verhaltenskontrolle die Überzeugung einer Person, aufgrund eigener Kompetenzen bestimmte Verhaltensweisen ausführen zu können. Das Konzept der wahrgenommenen Verhaltenskontrolle entlehnt sich hierbei der von Bandura in seiner Theorie des sozialen Lernens beschriebenen Selbstwirksamkeit [33, 34].

Die Einflussgröße der einzelnen Variablen Einstellungen (E), subjektive Norm (SN), wahrgenommene Verhaltenskontrolle (VK)] auf die Verhaltensabsicht (VI) ergibt sich durch eine additive Verknüpfung. Dabei werden innerhalb jeder Variable die Überzeugungen bezüglich bestimmter Verhaltensweisen mit den Bewertungen dieser Verhaltensweisen multipliziert. Dies sei am Beispiel der Einstellung gegenüber dem Rauchen veranschaulicht. Nehmen wir an, jemand hat bezüglich des Rauchens folgende Überzeugungen:
- »Rauchen beruhigt mich.«
- »Rauchen gefährdet meine Gesundheit.«

Beide Annahmen werden durch die Person hinsichtlich ihrer Bedeutung bewertet. So wird ein Raucher der Aussage »Rauchen beruhigt mich« vermutlich eine höhere Wertigkeit zuweisen als ein Nichtraucher. Umgekehrt wird es sich bei der Aussage »Rauchen gefährdet meine Gesundheit« verhalten. Daraus ergeben sich je nach Person unterschiedliche Einflussgrößen für die einzelnen Variablen. Formal lässt sich die *Theory of Planned Behaviour* als Erwartungs-mal-Wert-Modell folgendermaßen darstellen:

$$VI = w_1 \times E + w_2 \times SN + w_3 \times VK$$

Sie gilt heute als eine der am besten validierten Theorien zur Verhaltensänderung und kam in den letzten 20 Jahren in zahlreichen Kontexten zur Anwendung [35, 36]. Besondere Aufmerksamkeit erfuhr dabei der Gesundheitsbereich. Während der Fokus in frühen Studien vermehrt auf dem Gesundheitsverhalten von Patienten lag und sich beispielsweise mit dem Ausmaß körperlicher Aktivität [37] oder der Kondombenutzung [38] beschäftigte, ist in den vergangenen Jahren zunehmend das Verhalten der im Gesundheitswesen Tätigen in den Vordergrund gerückt. Die Untersuchung professioneller Verhaltensänderung nimmt dabei eine zentrale Rolle ein, da der medizinische Fortschritt sowie ständig wechselnde Erfordernisse von Seiten des Gesundheitssystems und individueller Patienten höchste Anforderungen an die Veränderungs- und Lernfähigkeit der Gesundheitsprofessionen stellen. In vielen Studien wurde dabei der Frage nach fördernden und hemmenden Faktoren für die Verhaltensänderung aufgrund medizinischer Innovationen, wie z. B. arriba©, nachgegangen [39, 40].

4.5 Kognitive Dissonanz

Auch die kognitive Dissonanz kann helfen, Verhaltensänderungen im professionellen Kontext zu verstehen und ggf. zu beeinflussen. Diese Theorie wurde von Leon Festinger [41] entwickelt und beschreibt die Nichtübereinstimmung bzw. Unvereinbarkeit zwischen verschiedenen Wahrnehmungen, Meinungen oder Verhaltensweisen mit der daraus abgeleiteten und erlebten Spannung.

Gemäß der Theorie der kognitiven Dissonanz besteht beim Individuum eine Tendenz (Motivation), nicht miteinander übereinstimmende Elemente (Auffassungen, Verhalten) zu vermeiden, das heißt, die als unangenehm erlebte kognitive Dissonanz zu reduzieren. Ist die Entscheidung für eine bestimmte Verhaltensweise einmal getroffen, so wird dies die Verarbeitung neuer Informationen beeinflussen, welche entweder eine Übereinstimmung oder wiederum eine Dissonanz induzieren. So geht die Theorie davon aus, dass Informationen selektiv ausgewählt werden, die eine getroffene Entscheidung als richtig erscheinen lassen, während gegenteilige Informationen abgewehrt oder nicht beachtet werden.

So wissen die meisten Ärzte, dass Antibiotika bei akuten Infekten der Atemwege (z. B. Husten) keine Wirkung haben, ja durch Resistenzbildung sogar Schaden anrichten können. Trotzdem gibt es Anreize, in diesen Situationen ein Antibiotikum zu verschreiben. Dies mag die angenommene oder ausgesprochene Erwartung des Patienten sein oder die Prägung künftigen Inanspruchnahmeverhaltens. Beides widerspricht der Anforderung, die Verschreibung von Antibiotika bei leichten Infekten zu vermeiden und führt damit zu einer Dissonanz. Eine Möglichkeit der Lösung besteht darin, dem Patienten ausführlich die Wirkungslosigkeit und Gefährlichkeit einer Verschreibung darzulegen. Ein schnellerer und weniger konfliktbehafteter Weg ist die Konstruktion einer »bakteriellen Superinfektion« auf Grund fragwürdiger Kriterien. Damit würde in diesem speziellen Fall die Ausnahme gerechtfertigt und das Gefühl der Dissonanz reduziert.

Für Implementierungsprozesse gilt es somit, den Grad der zu erwartenden kognitiven Dissonanz bei der jeweiligen Zielgruppe richtig einzuschätzen, um hieraus auch Schlüsse auf eine mögliche Umsetzung von z. B. Leitlinien oder Empfehlungen ziehen zu können. Ein Beispiel für geringe kognitive Dissonanz und eine daraus möglicherweise resultierende geringe Motivation zur Umsetzung einer Innovation sind Disease-Management-Programme. Hier berichten viele Ärzte, dass sie ihre Patienten ohnehin schon nach diesen Kriterien »managen« (gering empfundene Kluft zwischen Ist- und Soll-Zustand) und daher bei gleichzeitig geringer Vergütung und hohem administrativen Aufwand wenig motiviert sind, diese Programme in ihr ärztliches Handeln zu integrieren.

Ein Beispiel für erfolgreiche Implementierung wegen einer von der Zielgruppe empfundenen kognitiven Dissonanz stellt die Beratungsstrategie arriba© (www.arriba–hausarzt.de) dar. Der Erfolg von arriba© ist wohl auch darauf zurückzuführen, dass diese Beratungsstrategie verschiedene Dilemmata bzw. Spannungen löst. Die Leitlinien von Fachgesellschaften, die eine immer intensivere Behandlung von Bluthochdruck und Fettstoffwechselstörungen nahe legen, das Wirtschaftlichkeitsgebot in der GKV und die Wünsche der Patienten führen immer wieder zu quälenden Widersprü-

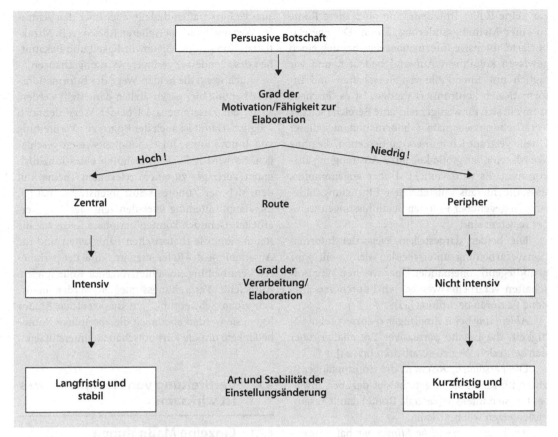

□ Abb. 4.2 Das »elaboration likelihood model« (ELM)

chen. Die explizite Darstellung von Risiko und Behandlungseffekten in der Beratung hat sich als eine Hilfe erwiesen, diese Widersprüche zumindest abzumildern; als Ergebnis war die Verbreitung unter Hausärzten auch außerhalb der großen Implementierungsstudie rascher als erwartet.

4.6 Elaboration Likelihood Model

Dieses Modell (ELM) beschreibt primär den Einfluss von Mitteilungen (»persuasive communication«) auf Einstellung und Verhaltensweisen [42]. Die von Petty und Cacioppo formulierten Überlegungen sind vorrangig in der Medien-Wirkungsforschung diskutiert worden, stellen aber auch für die Implementierung in der medizinischen Versorgung eine wichtige Hilfe dar.

Das Modell postuliert zwei unterschiedliche Routen der Informationsverarbeitung, die zu unterschiedlich stabilen Einstellungsänderungen führen (□ Abb. 4.2).

Die *zentrale Route* wird vor allem dann gewählt, wenn beim Empfänger eine hohe Motivation besteht, sich mit der persuasiven Botschaft intensiv (»elaboriert«) auseinander zu setzen. Er prüft die Argumente, vergleicht diese mit bereits vorhandenem Wissen und bereits gehörten Argumenten, macht sich ein differenziertes Bild und zieht eine Schlussfolgerung. Wenn dies zu einer veränderten Einstellung führt, ist die Änderung langfristig und stabil gegenüber anderen Einflüssen.

Über *die periphere Route* findet im Gegensatz zur zentralen Route keine elaborierte Informationsverarbeitung statt. Es werden vielmehr äußere, periphere Reize ausgewertet; das eigentliche Thema und die vermittelten Inhalte spielen vielleicht gar keine Rolle. Trotzdem kann auch diese Route zu einer Meinungsänderung führen. Da eine elaborierte, intensive Informationsverarbeitung einen gewissen kognitiven Aufwand bedeutet, und wir täglich mit einer Fülle von Botschaften und Informationen konfrontiert werden, ist es durchaus sinnvoll, sich für weniger relevante Bereiche solcher Verarbeitungsschemata (»Information aus dieser Quelle vertraue ich immer«) zu bedienen, die ohne Vorwissen oder große kognitive Anstrengung auskommen. Es wird vom ELM aber angenommen, dass die hieraus entstehenden Einstellungsänderungen gegenüber weiteren Beeinflussungen weniger resistent sind.

Die beiden dargestellten Wege der Informationsverarbeitung unterscheiden sich somit ganz grundlegend voneinander. Über welchen Weg Botschaften verarbeitet werden, wird durch verschiedene Faktoren beeinflusst [42]:

Ablenkung beim Empfänger reduziert seine Fähigkeit, die Inhalte persuasiver Botschaften über den zentralen Weg zu verarbeiten [42, 43].

Die *persönliche Relevanz*, die ein Empfänger in einer Botschaft sieht, entscheidet darüber, inwieweit er sich intensiv (zentrale Route) damit auseinandersetzen will bzw. kann.

Auch die *persönliche Stimmung* hat Auswirkungen auf die Art der Informationsverarbeitung wie auch den Grad der Zustimmung. So neigen Menschen mit einer schlechten Stimmung eher zu einer zentralen Verarbeitung, während Menschen mit einer guten Stimmung eher zu einer peripheren Verarbeitung persuasiver Botschaften tendieren.

Mit *Wiederholung* versucht man, auch über die periphere Verarbeitung eine Stabilisierung bzw. möglichst dauerhafte Einstellungsänderung zu bewirken (Werbung!).

Auch die *Eingebundenheit* (»involvement«) des Empfängers in die Thematik einer persuasiven Mitteilung ist von Bedeutung; diese kann eine elaborierte Verarbeitung bzw. die zentrale Route fördern.

Die Art und der Grad der Mitteilungsverarbeitung werden darüber hinaus aber auch von dem grundsätzlichen Bedürfnis nach neuen Erkenntnissen (»need for cognition«) beeinflusst. Menschen mit einem hohen Lerndrang haben grundsätzlich Freude daran, sich intensiv mit Themen und Situationen auseinander zu setzen. Sie verarbeiten per-

suasive Botschaften deshalb eher über den zentralen Weg und bieten peripheren Reizen (z. B. Attraktivität, Kompetenz, Glaubwürdigkeit und Bekanntheit des »Senders«) geringere Wirkungschancen.

Auch wenn die beiden Wege der Informationsverarbeitung hier gegensätzlich dargestellt werden, so ist ein Zusammenspiel beider Wege dennoch möglich. Damit ist auch der Bogen zur Verbreitung von Innovationen im Gesundheitswesen geschlagen. So wird z. B. beim Zuhören eines inhaltlich guten Vortrages zu einem relevanten Thema, mit dem sich der Zuhörer selbst intensiv beschäftigt, die Hauptmitteilung über den zentralen Weg verarbeitet. Dennoch können periphere Reize wie die Reputation, die rhetorischen Fähigkeiten und die Ausstrahlung des Referenten im Sinne der peripheren Verarbeitung eine unterstützende Rolle spielen. Ausgefeilte Verbreitungsstrategien werden natürlich einen Schwerpunkt auf die »zentrale Route« legen; sie werden aber auch die »periphere Route« bedenken, um die Kernbotschaft zu unterstützen.

4.7 Verbreitung von Neuigkeit – was ist wirksam?

4.7.1 Einzelne Maßnahmen

In den letzten 20 Jahren sind zahlreiche Untersuchungen publiziert worden, welche die Wirksamkeit verschiedener Maßnahmen untersuchen, Innovationen in der medizinischen Versorgung wirksam zu verbreiten. Diese beziehen sich auf Leitlinien [45, 46], Forschungsergebnisse [46], Fortbildung [47, 48] oder allgemeine Interventionen zur Verbesserung der Versorgungsqualität [48]. Eine Übersicht über Maßnahmen im allgemeinmedizinischen Bereich geben Freudenstein und Howe [49].

◘ Tab. 4.1 gibt eine kurze Übersicht über mögliche Maßnahmen und den entsprechenden Forschungsstand. Hier muss allerdings kritisch angemerkt werden, dass relevante Untersuchungen nur punktuell durchgeführt worden sind und die Wirksamkeit der Verbreitung von persönlichen und lokalen Gegebenheiten abhängt. Wegen dieser Einschränkungen bezüglich der externen Validität sind die Ergebnisse zurückhaltend zu bewerten.

◘ Tab. 4.1 Methoden der Verbreitung

Medium	Definition	Wirksamkeit
Gedruckte Materialien	Gedruckte oder elektronische Praxisempfehlungen als persönliche Anschreiben oder Massensendung	Beitrag zur Versorgung bestenfalls geringfügig [50], allerdings wichtig als Teil einer komplexen Strategie
Örtliche Multiplikatoren (»local opinion leaders«)	Durch systematische Befragung von Ärzten werden einflussreiche Individuen herausgefunden; diese wiederum treten nach Schulung an ihre Kollegen vor Ort heran	Studienlage nicht eindeutig [51], aber einige Positivbeispiele publiziert; von der Phamaindustrie regelhaft eingesetzt
Interaktive Seminare und Kleingruppen	Kurze Konferenzen (maximal 1 Tag)	Ohne Umsetzungshilfen kaum wirksam [48]
Frontalvortrag		Weitgehend wirkungslos [52]
Praxisbesuche (»academic detailing«, »outreach visits«)	Entspricht dem Pharmareferenten	Effekte v. a. im Bereich der rationalen Medikamenten-Verschreibung dokumentiert [53]
Audit und Feedback	Systematische Erfassung der Versorgungsqualität in einer definierten Einheit (Praxis, Klinik, Region usw.), meist fokussiert auf ein spezifisches Thema (bestimmte Krankheit, bestimmte Prozesse z. B. Verschreibung); Rückmeldung der Ergebnisse an Betroffene (Feedback)	Wirksam, wo entsprechendes Wissen und Handlungsbereitschaft vorhanden [54, 55]
Erinnerungshilfen (»reminder«)	Idealerweise mit Software zur Praxisdokumentation gekoppelt	Computergestützte Erinnerungshilfen können v. a. die lückenlose Berücksichtigung von Früherkennungs-Maßnahmen fördern [56]
Massenmedien	Auf Laien gerichtet Fernsehen, Radio, Zeitungen usw.	Vermutlich wirksam zur Steuerung der Inanspruchnahme von medizinischen Leistungen (Reduzierung überholter wie auch Verbreitung neuer Maßnahmen) [57]

Außerdem waren die Fallzahlen bei den jeweiligen Studien so gering, dass meist nur große Effekte statistisch gesichert werden konnten.

Diese Instrumente expliziter Fortbildung machen natürlich nur einen Teil der Einflüsse aus, die sich auf das Verhalten von Ärzten und anderer Gesundheitsprofessionen auswirken [58] So sind materielle Anreize bzw. ökonomische Rahmenbedingungen [59] immer im Auge zu behalten. Diese können eine unüberwindliche Barriere für die Einführung einer Innovation darstellen. Zusätzlicher Aufwand bei ansonsten gleich bleibender Belastung und Vergütung ist eine häufige Situation; hier muss für speziellen Anreiz oder Entlastung an anderer Stelle gesorgt werden.

4.7.2 Kombinationen und Strategien

Bei der Ausarbeitung einer umfassenden Implementierungsstrategie ist die Unterscheidung von prädisponierenden Elementen, Umsetzungshilfen und Verstärkern nützlich (◘ Abb. 4.3) [47].

— *Prädisponierende Maßnahmen* (»predisposing measures«) sorgen für Wissensvermittlung und die Bereitschaft der Beteiligten, eine Innovation anzuwenden (z. B. gedruckte Materialien, Vorträge, Multiplikatoren).

— *Umsetzungshilfen* (»enabling measures«) fördern die konkrete Umsetzung im Versorgungsalltag (z. B. Einüben von Verhaltensweisen, Informationsblätter für Patienten).

4

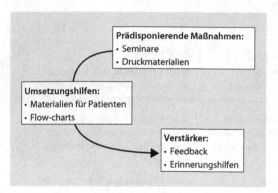

Umsetzungshilfen:
• Materialien für Patienten
• Flow-charts

Prädisponierende Maßnahmen:
• Seminare
• Druckmaterialien

Verstärker:
• Feedback
• Erinnerungshilfen

▢ Abb. 4.3   Wirksame Methoden der Verbreitung (mit Beispielen)

durch Untersuchungen zur Umsetzung von Leitlinien. Eine Zielgruppe scheint Leitlinien um so eher zu nutzen, je aktiver sie am Prozess der Erstellung beteiligt gewesen ist [62].

— *Verstärker* (»reenforcing measures«) schließlich verschaffen Informationen über unerwünschte Abweichungen vom Standard (Feedback) oder geben *Erinnerungshilfen* zu einem Zeitpunkt, zu dem die erwünschte Leistung noch erbracht werden kann.

Dieses differenzierte Verständnis macht es möglich, einzelne Maßnahmen in einer konkreten Situation zu einer wirksamen Strategie zu kombinieren. So macht Feedback kaum Sinn, wenn die betroffenen Ärzte vom Nutzen einer Neuerung primär nicht überzeugt sind. Ein Vortrag wird dadurch wirksam, dass konkrete Praxishilfen zur Verfügung gestellt werden.

Ein solches Vorgehen wird unterstützt durch mehrere der oben erwähnten Übersichtsarbeiten; demnach sind kombinierte Strategien effektiver in der Beeinflussung professionellen Verhaltens als einzelne Maßnahmen. Diese müssen in Abhängigkeit von der geplanten Neuerung, der Zielgruppe, den vorhandenen Ressourcen und anderen Einflüssen (fachlich, organisatorisch, ökonomisch) ausgewählt werden; gerade auch das Verständnis von Hindernissen und Barrieren muss in eine Veränderungsstrategie einfließen [60, 61].

Außerdem legen die publizierten Daten die Schlussfolgerung nahe, dass Verbreitungsstrategien gerade dann erfolgreich sind, wenn die Zielgruppe nicht als »Tabula Rasa« begriffen wird, sondern ihr Gelegenheit gegeben wird, aktiv am Innovationsprozess teil zu nehmen. Diese Sicht wird unterstützt

Forschungsfragen

5

5.1   Spezifika der Implementierung von Innovationen

Anders als bei Studien in der ethnografischen Tradition, wird bei den hier diskutierten Projekten eine grundsätzliche Vertrautheit mit der Kultur der »Beforschten« vorausgesetzt. Dies gilt vielleicht nicht für jedes Individuum im Projektteam, aber doch für das Team als Gesamtheit. So mag ein Sozialwissenschaftler, der Interviews mit onkologisch tätigen Ärzten durchführt, keine eigene Erfahrung in diesem Bereich haben. In seinem Team wirken jedoch Onkologen mit, sodass die »Kultur« dieses Versorgungsbereiches selbst keinen sinnvollen Forschungsgegenstand darstellt. Vielmehr weisen die Fragestellungen von vornherein eine engere Fokussierung auf.

Trotzdem bewegen sich die hier diskutierten Projekte in einem Spektrum zwischen explorativen und konfirmatorischen Fragestellungen. Auf der einen Seite gibt es eng formulierte Fragen (In welchem Maße beeinflusst das Programm X das Ergebnis Y? Welches ist der Funktionsmechanismus?); in diesem Fall besteht reichlich Vorwissen über die Innovation und das Milieu, in dem sie eingesetzt wird. Die Erhebung zielt deshalb auf quantitative bzw. recht begrenzte qualitative Informationen. Auf der anderen Seite mag sich aber auch die Neugier regen, ob die Vorauffassungen über Abläufe und Traditionen in einem Versorgungsbereich überhaupt stimmen. Daraus ergeben sich dann Konsequenzen für die Öffnung eines Studiendesigns: In Interviews werden hier folglich offene Fragen und breites Erzählen der Beteiligten von Nutzen sein. Eine konfirmative Forschungsfrage wurde in eine eher explorative umgewandelt. Diese Spannung zwischen Fokus und Offenheit der Fragestellung, konfirmatorischem und explorativem Ansatz, durchzieht die gesamte Forschungsarbeit in dem hier behandelten Bereich[1].

Auch wenn diese Ansätze innerhalb eines Projekts kombiniert werden können, sind Entscheidungen nötig. Diese prägen dann das Studiendesign, die eingesetzten Instrumente und Auswertungsstrategien. Forschungsziele beziehen sich typischer Weise auf die folgenden Bereiche:

- **Evaluation einer Intervention**
Hier soll die Akzeptanz einer Innovation abgeschätzt werden, ebenso die spezifischen Voraussetzungen und Barrieren sowie die Funktionsweise. Im weiteren Verlauf geht es um Wirksamkeit in Bezug auf Professionelle (Ärzte usw.) und Patienten (Verhalten, Zufriedenheit, Morbiditäts-Variablen).

- **Optimierung einer Intervention**
In der Studie erhobene Informationen – Rückmeldungen der Zielgruppe – werden zur Weiterentwicklung der Innovation genutzt.

- **Erweitertes Verständnis von Zielgruppe, Versorgungssektoren und professionellen Veränderungsprozessen**
Dies ist sozusagen die Grundlagenforschung. Die Reaktion von Ärzten, anderen Gesundheitsprofessionellen und Patienten kann unser Verständnis von Personen, Einrichtungen und Prozessen vertiefen helfen. Oft werden in einer Studie Forschungsfragen dieser Art zusätzlich zu anderen Zielen formuliert.

5.2   Phasenmodell zur Implementierung und Evaluation komplexer Interventionen

In Analogie zu Medikamentenstudien ist ein Phasenmodell für die Entwicklung und Evaluation von komplexen Interventionen im Gesundheitssystem vorgeschlagen worden [3, 63].

Ein entsprechendes Vorgehen zeichnet sich in den frühen Phasen durch eine sorgfältige Analyse von Zielumgebung, Bedarf, möglichen Komponenten einer Intervention und dahinter stehenden Annahmen aus. Einzelne Elemente werden zunächst in kleinem Maßstab erprobt und in engem Austausch mit den Betroffenen optimiert. In der aktiven Einbeziehung der Zielgruppe, der engen Verflechtung von Beobachtung und Handlung und der Berücksichtigung verschiedener Wissensformen (Erfahrung – Praxis – Theorie) werden damit

---

1   Eine Diskussion dieser Problematik vor dem Hintergrund von universitären Drittmittelprojekte findet sich bei Kuckartz [10].

◻ Tab. 5.1 Entwicklung und Erprobung »komplexer Interventionen«. (Nach [3])

Phase I	Theorie und Modell-bildung	Auswahl geeigneter Interventionen nach Theorie und Forschungsstand, Hypothesenbildung, auch in Bezug auf Störgrößen und Umsetzungs-hindernisse; Abgrenzung verschiedener Komponenten der Intervention, Identifikation von Wirkmechanismen; Modellierung möglicher Effekte
Phase II	Exploratorische Studie	Entwicklung eines reproduzierbaren Vorgehens und Studienprotokolls, Definition eines Kontrollarms
Phase III	Definitive randomisierte kontrollierte Studie	Vergleich einer definierten Intervention mit einer Kontrollbehandlung in einer Studie mit der für eine präzise Aussage erforderlichen Fallzahl
Phase IV	Langzeit-Implemen-tierung	Einsatz der Intervention in der Routine, Studien-Intervention und –ergeb-nisse werden nachvollzogen

methodische Ansätze einer partizipativen Entscheidungsfindung (»participative inquiry«) aufgenommen [64]. Die vorgesehene Intervention wird zunehmend präzisiert, angepasst und reproduzierbar gestaltet.

Erst nach diesen Schritten ist – in Analogie zu einer Phase III-Medikamenten-Prüfung – eine Wirksamkeits-Studie in größerem Maßstab sinnvoll, welche einen Effekt auf relevante Zielgrößen erfassen kann. Auch Phase-IV-Studien lassen sich in diesem Phasenmodell definieren; darunter versteht man Beobachtungsstudien (»Abwendungsbeobachtungen«), welche die Verbreitung einer bestimmten Maßnahme in der Routineversorgung erfassen (◻ Tab. 5.1).

Entsprechend dieser Aufgabenstellungen kommen unterschiedliche Methoden zum Einsatz. In den frühen Stadien sind dies vorzugsweise qualitative Methoden. Daten werden z. B. in Fokusgruppen, Einzelinterviews und durch (teilnehmende) Beobachtung gewonnen. Die von den Betroffenen mit ihrer Kenntnis des jeweiligen Versorgungsbereiches gegebenen Äußerungen dienen der unmittelbaren Überprüfung und ggf. Modifikation von Abläufen und Inhalten. In den nachfolgenden Wirksamkeitsstudien (analog Phase III) werden primär quantitative klinisch-epidemiologische Methoden eingesetzt, wobei auch hier Satellitenprojekte mit qualitativer Methodik entsprechende Fragestellungen bearbeiten.

Dieses Modell ist in den vergangenen Jahren weiterentwickelt worden. Die lineare Struktur von vier Phasen ist dabei einem flexiblen, iterativen Modell gewichen [63].

Ein Beispiel: arriba☺

6.1   Beratung zur Herz-Kreislauf-Prävention in der Praxis

»arriba«, ein Akronym für »**a**bsolute und **r**elative **R**isikoreduktion: **i**ndividuelle **B**eratung in der **A**llgemeinpraxis« ist eine konsultationsbezogene Entscheidungshilfe, die in ihrer ersten Fassung seit 2001 vorliegt und seitdem kontinuierlich weiterentwickelt worden ist. Diese Beratungsstrategie verbindet die Berechnung und patientengerechte Darstellung des individuellen absoluten 10-Jahres Risikos für schwere kardiovaskuläre Ereignisse (Herzinfarkt und Schlaganfall) mit einer Darstellung von Interventionseffekten (Verhaltensänderungen, Medikamente). Grundlage ist die aus der Framingham-Studie abgeleitete Risikoformel, die an den europäischen Kontext adaptiert worden ist. Ein weiteres Spezifikum ist die Einladung an den Patienten, sich aktiv an der Entscheidung über mögliche Präventionsmaßnahmen zu beteiligen.

Ärzte können die nötige Beratungskompetenz (epidemiologischer Hintergrund, Kommunikationsstrategien) auf verschiedene Weise erwerben. Es liegt eine Broschüre für Ärzte vor, welche die Grundlagen partizipativer Entscheidungsfindung im Allgemeinen und in der Herzkreislaufprävention im Besonderen aufbereitet. Parallel dazu ist ein Fortbildungskonzept entwickelt worden, welches die epidemiologischen, ethischen, sowie Gesprächsführungsgrundlagen in zwei ärztlichen Fortbildungen à 2 Stunden vermittelt (z. B. im hausärztlichen Qualitätszirkel).

Die Anwendung in der Praxis wird durch gedruckte Beratungshilfen unterstützt (Risikokalkulations- und Patientenberatungsbogen). Wesentlich vereinfacht wird dieser Ablauf durch die Software, die inzwischen zur Verfügung steht. Beide Bögen sind nach den 6 arriba©-Schritten gegliedert, die sich ebenfalls mit arriba© als Akronym verbinden (▶ Übersicht).

Die 6 arriba©-Schritte

1. **A**ufgabe gemeinsam definieren (partizipative Entscheidungsfindung in der Herzkreislaufrisikoprävention)
2. **R**isiko subjektiv (Befürchtungen, Erwartungen, Wünsche, Fragen des Patienten)
3. **R**isiko objektiv (Berechnung des individuellen Gesamtrisikos allgemein/im Altersvergleich)
4. **I**nformation über Präventionsmöglichkeiten (Medikamente, Verhalten, Abwarten)
5. **B**eiderseitige Bewertung der Möglichkeiten (Vor-/Nachteile, Alternativen)
6. **A**bsprache über weiteres Vorgehen (Maßnahmen, Nachbesprechung)

Diese Schritte entsprechen einem kleinen Drehbuch, das den Ablauf im Patientengespräch sinnvoll darstellt. Zeitdauer und Aufwand sind so gestaltet, dass die arriba©-Beratung in die Praxisroutine eingebaut werden kann (z. B. Gesundheitsuntersuchung).

6.2   Entwicklung und Erprobung

Der Entwicklungsprozess von arriba© nahm mehrere Elemente des oben beschriebenen Phasen-Paradigmas auf.

Bei den ersten Veranstaltungen zu arriba© wurde den Teilnehmern reichlich Raum für Diskussionen gegeben, die Seminare wurden nach Ende jeweils ausführlich evaluiert (Fragebogen, auch Freitext). Aus diesen Rückmeldungen konnten erste Rückschlüsse zu Akzeptanz und Bedürfnissen der Zielgruppe in diesem Versorgungsbereich gezogen werden; Änderungsvorschläge von Teilnehmern wurden berücksichtigt.

Bei allen Veranstaltungen waren Teilnehmer um Kontaktdaten und ihr Einverständnis für künftige Befragungen gebeten worden. Damit war eine systematische *Anwenderbefragung* möglich, die auf Umsetzung in der Praxis, Motivation und Hinderungsgründe für die Umsetzung zielte; es konnten also Daten zu Umsetzungserfahrungen nach den Veranstaltungen erhoben werden. Neben Veranstaltungsteilnehmern konnten Ärztinnen und Ärzte befragt werden, die nach Hinweis in Fachzeitschriften die Materialien angefordert hatten. Die Telefon-Interviews waren teilstandardisiert und folgten einem Leitfaden, der Wissen und Einstellungen zu arriba©, Anwendung (Häufigkeit, bestimmte Gruppen oder Situationen), Beurteilung der Erfahrungen und Verbesserungsvorschläge behandelte [65].

Vor der großen arriba©-Studie wurde eine *Pilotstudie* durchgeführt, die im Wesentlichen der Auswahl der Erhebungsinstrumente für die arriba© Hauptstudie und der Erprobung des Fortbildungskonzepts diente.

Erst danach begann die große *Wirksamkeitsstudie* mit über 80 Ärzten und 1100 Patienten. Primäres Zielkriterium war die Zufriedenheit des Patienten mit der Beratung, wobei in der Kontrollgruppe in herkömmlicher Weise beraten wurde [66].

Auch nachdem die Beratung auf der Basis von arriba© ihre Überlegenheit gezeigt hatte, gingen die Untersuchungen zum Thema weiter. Um fördernde Faktoren, Hemmnisse und überhaupt den Prozess der Annahme von Innovationen (oder der Ablehnung) weiter zu untersuchen, wurden Teilnehmer der Wirksamkeitsstudie zu Fokusgruppen eingeladen, in der Hoffnung, Erkenntnisse nicht nur zum Innovationsprozess, sondern auch zur Logistik einer multizentrischen Implementierungsstudie in hausärztlichen Praxen zu gewinnen. Von besonderem Wert waren hier natürlich die Argumente kritischer, unmotivierter oder gar ablehnender Kollegen.

Die Erforschung der konkreten kommunikativen, kognitiven und emotionalen Prozesse ist Gegenstand des Projekts *Mikro-arriba©*. Mit Video-Aufzeichnungen und Interviews mit Patienten und Ärzten soll der Beratungsprozess selbst erfasst werden, während die große Wirksamkeitsstudie den Outcome dieser Beratungsstrategie abbildet. Gerade auch das Erfassen von Fehlern, Unschärfen und Abweichungen, kann helfen, das Beratungsinstrument für die Praxis weiter zu entwickeln.

An diesen Studien lassen sich die Phasen des o. g. Modells anschaulich darstellen. Während sich die vorangegangenen theoretischen Überlegungen und die Evaluation der ersten Veranstaltungen der Phase I zuordnen lassen, gehören die Anwenderbefragung und die Pilotstudie zu Phase II. Erst nach fast fünfjähriger Entwicklung begann die Phase-III-Studie (Wirksamkeitsstudie). Als Phase-IV sind schließlich die begleitende Fokusgruppenuntersuchung und die folgende Mikro-arriba©-Studie anzusehen.

6.3 Implementierung einer Innovation

Im Rahmen der großen Wirksamkeitsstudie (Phase III) stand das Studienteam vor der Aufgabe, die Kompetenz zur arriba©-Beratung den Studienärzten rasch zu vermitteln. Mit Hilfe des AQUA-Institutes (Göttingen) wurden hausärztliche Qualitätszirkel in Hessen rekrutiert. Die Moderatoren erhielten eine Einladung zu einer Veranstaltung in Marburg, um mit ihnen die Zielsetzung von arriba©, Hintergrund, Studienabläufe u. Ä. zu diskutieren. Nachdem sich so die Moderatoren für den Inhalt der Studie begeistern ließen, war es für die Mitglieder der Qualitätszirkel einfacher, sich auf arriba© wie auch die Studie einzulassen – es kam somit eine *Multiplikatoren-Strategie* zur Anwendung.

Zur Information der angesprochenen Ärzte dienten Qualitätszirkel-Seminare vor Ort, bei denen jeder Arzt zwei Termine absolvieren sollte. Zum Selbststudium zu Hause, das unter Umständen auch einen versäumten Termin ersetzen konnte, wurde eine ausführliche Broschüre zur Verfügung gestellt. Diese ist gut lesbar geschrieben und bezieht sich auf praxisnahe Beispiele (»Frau Sorge, Herr Süß«). Die ersten Beratungsschritte unternahmen die Teilnehmer in den Seminaren, wobei die Betreuer der Veranstaltung wie auch die anderen Teilnehmer jeweils Feedback gaben. Ein *interaktives Seminar* einschließlich einer *Simulationsmöglichkeit* kam hier also zur Anwendung.

An *Umsetzungshilfen* kamen Risikokalkulations- und Beratungsbögen zur Anwendung. Die Praxisteams wurden gebeten, jeden Patienten mit einer Bestimmung des Cholesterins (*Erinnerungshilfe*), damit auch jeden Teilnehmer einer Gesundheitsuntersuchung, zur Studie und damit zur Beratung einzuladen. Die *Praxisbesuche* durch Studienpersonal dienten primär der Etablierung von Studienroutinen; gleichzeitig sollte damit aber auch zur Anwendung von arriba© motiviert werden, evtl. Hindernisse oder Bedenken konnten so ausgeräumt werden (*academic detailing, outreach*).

An diesen einzelnen Maßnahmen lassen sich gut – entsprechend ▶ Abb. 4.3 – prädisponierende Elemente (Seminare, Broschüre, Multiplikatoren), Umsetzungshilfen (Risikokalkulations-Hilfen, Simulationsübungen) und Erinnerungshilfen (wenn spezielle Labormessung, dann Studieneinschluss) unterscheiden.

Nach der Entwicklung der arriba©-Software (die kostenlos im Web heruntergeladen werden kann), erfolgreichem Abschluss und Publikation der Phase-III-Studie sowie einem breiten Echo in der Fachpresse verbreitete sich diese Beratungsmethode durch Mundpropaganda, örtliche Initiativen, Qualitätszirkel usw. Damit fügte sich nach der bewussten und geplanten *Implementierung* der Mechanismus der *Diffusion* an. Dafür ist das Bild der »viralen Verbreitung« bzw. der »sozialen Epidemie« gewählt worden [67]. In diesem Stadium hat keine Studienzentrale oder Projektteam mehr den Überblick über Verbreitung oder Anwendung. Eine ganz andere Situation stellen Verträge mit Krankenkassen dar, welche die Integration von arriba© in die Software von Ärzten in der hausarztzentrierten Versorgung vorsehen. Während bisher einzelne Ärzte oder Gruppen eine bewusste Entscheidung treffen mussten, arriba© von der Homepage herunterzuladen, ist die Software in manchen Regionen in die *Praxissoftware* integriert. Dies ist dann allerdings Ergebnis einer *politischen Entscheidung*, wobei auch weiterhin den Ärzten die individuelle Entscheidung über die Anwendung im Einzelfall überlassen bleibt.

Modellierung

Das Phasenmodell der Evaluation komplexer Interventionen schlägt vor, das Wissen über die erwartete Wirkung der diskutierten Innovation in einem Modell zusammen zu fügen. Voraussetzung ist, die einzelnen Komponenten (einschließlich der Implementierung) zu definieren und deren Wirkung aus früheren Studien zu belegen. Außerdem ist ihr Zusammenwirken zu bedenken, dasselbe gilt für die Interaktion mit dem Kontext: den Anwendern, deren Arbeitsumgebungen, Institutionen, Patienten – also insgesamt fördernde und hindernde Faktoren. Eine solche Modellvorstellung kann helfen, das relevante Vorwissen zusammenhängend darzustellen sowie Verbreitungsstrategien, Vorgehensweisen und Studiendesign zu planen. In Einzelfällen wird man sogar entscheiden, dass ein Projekt nicht aussichtsreich ist, und die Planung entweder beenden oder deutlich modifizieren. Aus der noch sehr spärlichen Literatur zu diesem Thema werden drei Möglichkeiten vorgestellt: die Hypothesen-Matrix, das Kausal-Modell und schließlich das formale mathematische Modell.

7.1 Hypothesen-Matrix

Rowlands et al. berichten von einer britischen Studie, welche die Überweisungsraten von Allgemeinärzten senken sollte. Allerdings konnte für die auf modernen Lernprinzipien basierende Intervention trotz großem Interesse der Beteiligten und einer »gefühlten« Wirkung kein Effekt in einer kontrollierten Studie nachgewiesen werden. Im Nachhinein reflektieren die Autoren die Gründe mit Hilfe einer solchen Matrix [68].

Es sollen hier als Beispiel die Überlegungen zu einer Studienplanung fungieren, bei der ein Entlassmanagement bei stationär behandelten Patienten mit Herzinsuffizienz erprobt werden sollte (❏ Tab. 7.1). Hier wird deutlich, dass eine Erhebung zu Versorgungsbedarf und -bedürfnis erforderlich ist, um die grundsätzliche Akzeptanz einer solchen Intervention abzuschätzen. Von der Pilotphase hängt ab, ob sich ein Übergang in eine Phase-III-Beobachtung lohnt. Eine solche Pilotphase ist im o. g. Beispiel (Überweisungen) positiv ausgegangen, was die Autoren für ihren Fall als ein Zufallsergebnis interpretierten.

7.2 Kausal-Modell

Hardeman et al. legen ihre Überlegungen vor dem Hintergrund einer Studie zur Evaluation einer komplexen Intervention in stärker strukturierter Form vor [69]. ❏ Tab. 7.2 zeigt global die Wirkungsstufen des Ablaufs, bei dem die Intervention eingreifen soll. In diesem Fall handelte es sich um ein Programm, das Typ-2-Diabetiker zu vermehrter körperlicher Aktivität »bewegen« sollte.

Das in ❏ Tab. 7.2 dargelegte Modell wird schrittweise präzisiert. Neben theoretischen Vorstellungen (hier z. B. »theory of planned behaviour«) werden Punkte definiert, an denen eine Intervention ansetzen kann (Techniken der Verhaltensänderung); entsprechend werden Möglichkeiten (Operationalisierungen) definiert, mit denen auf den verschiedenen Stufen Effekte erfasst werden können.

7.3 Formale mathematische Modellbildung

Eine weitere Möglichkeit zeigen Eldridge et al. am Beispiel einer komplexen Sturzprophylaxe, bei der es um das systematische Screening von älteren Menschen ging, Sturzgefährdete identifiziert, an eine Spezial-Ambulanz überwiesen und entsprechend behandelt werden sollten [70]. Hier wurden sehr differenziert die verschiedenen »Zustände« definiert, in denen sich alte Menschen befinden können (gesund und mobil, mit Sturzangst, mit Fraktur, mit langfristiger Pflegebedürftigkeit, sonstigen Komplikationen, Tod usw.). Anhand der Literatur haben die Autoren die Wahrscheinlichkeiten der Übergänge von einem Zustand in den anderen definiert. Mit Hilfe komplexer Modelle (Entscheidungsbaum, Markov-Modell) haben sie einen möglichen Nutzen der Intervention abgeschätzt. Sie kamen zu dem Schluss, dass ein nennenswerter Effekt der Intervention sehr unwahrscheinlich sei und haben die Entwicklung an diesem Punkt, also vor weiteren Evaluationsstudien, abgebrochen.

Voraussetzung für ein solches Vorgehen sind natürlich belastbare Informationen über die Risiken bestimmter Erkrankungen, Komplikationen und Ergebnisse (Outcome). Auch müssen die für das Ergebnis relevanten Prozesse identifizierbar

■ **Tab. 7.1** Hypothesenmatrix zum Entlassungsmanagement bei stationär behandelten Patienten mit Herzinsuffizienz

Vorwissen aus früheren Studien	Annahmen für aktuelle Studienhypothese und Planung	Ungeklärte Faktoren	Möglichkeiten der Klärung vor endgültiger Definition der Intervention bzw. der Phase III-Studie
Wirksamkeit von Implementierungsmaßnahmen (opinion leaders, lokaler Pfad)	Lokaler Behandlungspfad und Implementierungsstrategie schaffen Vertrauen und »ownership«	Akzeptanz einer neuen Versorgungsinstanz (klammheimliche Opposition stationäre Abteilung, niedergelassene Ärzte)	Querschnitts-Survey Versorgungsbedarf; Pilotstudie (Teilstudie A)
Wirksamkeit von Medikamenten zur Besserung der Prognose (ACE-Hemmer, Betablocker)	Konsequente Einnahme (täglich, Zieldosierung) wirkt positiv auf Zielkriterien	Wirkung und Verträglichkeit unter realen Bedingungen (außerhalb klinischer Studien)	keine
Wirksamkeit von Monitoring	Konsequente Durchführung einschl. Dokumentation wirkt positiv auf Zielkriterium	Akzeptanz durch Patienten (aktuelle Klientel: Alte, Multimorbide, sozial schwächer Gestellte) und Praktikabilität	Erprobung in Pilotstudie

■ **Tab. 7.2** Generisches Kausalmodell

Stufe	Ebene, auf der die Intervention eingreift
1	Determinanten des Verhaltens (z. B. psychologisch, sozial, geografisch)
2	Verhalten
3	Physiologische Variablen
4	Gesundheitliche Outcomes (Prognose, Lebensqualität)

und im Modell operationalisierbar sein. Aus dem Beispiel wird aber deutlich, dass hier wesentliche Erkenntnisse gewonnen werden können, die eine Forschungsgruppe von einer Mittelvergeudung durch wenig versprechende weitere Studien abhalten.

Studien der Versorgungsforschung

8.1   Qualitativ vs. quantitativ

Die Diskussion um die Berechtigung qualitativer Forschung in der Medizin und den Gesundheitswissenschaften sollte man als abgeschlossen betrachten. Die Einsicht, dass sich bestimmte Fragen nur mit qualitativen Methoden beantworten lassen, setzt sich selbst an medizinischen Fachbereichen in Deutschland allmählich durch. Für die hier dargelegten Evaluationsprojekte werden quantitative und qualitative Methoden in einer pragmatischen Mischung vorgeschlagen. So ist die Frage nach der Häufigkeit des Einsatzes einer bestimmten Beratungshilfe naturgemäß quantitativ; sie lässt sich mit dem Verbrauch von Dokumentations- oder Beratungshilfen sowie Strichlisten besser beantworten als im Rahmen eines Tiefeninterviews. Die Frage nach den Barrieren bei den Ärzten, welche die Beratungshilfe nie oder selten eingesetzt haben, wird dagegen in einem Interview oder einer Fokusgruppe mit nachfolgender qualitativer Auswertung gut aufgehoben sein. Mit qualitativen Methoden geht man typischerweise Fragen nach dem *Kontext* (z. B. Mit welchen Erfordernissen wie Zeitaufwand, Umsetzungshilfen, Vorbereitung des Teams ist für die Umsetzung einer neuen Beratungsmethode zu rechnen?), der *Bedeutung* (Was machen Patienten aus der visuellen Darstellung ihres kardiovaskulären Risikos?) oder größerer *Zusammenhänge* an (Gibt es inhaltliche und formale Diskrepanzen zwischen arriba☺ und den herkömmlichen Beratungsstrategien zur kardiovaskulären Prävention?).

8.2   Studientypen: generisch

Während mit dem *Studiendesign* oft die Gesamtheit der methodischen Entscheidungen bezeichnet wird, bezieht sich der Begriff des *Studientyps* auf die grundsätzliche zeitliche Struktur, in der ein Zusammenhang von »Exposition« und »Ergebnis« (outcome) untersucht werden soll. In der Versorgungsforschung werden sämtliche der in der (klinischen) Epidemiologie bekannten Studientypen eingesetzt. Welcher davon gewählt wird, richtet sich nach der Fragestellung, aber natürlich auch den finanziellen und personellen Ressourcen, die zur Verfügung stehen.

Bei der Unterscheidung der verschiedenen Studientypen ist es sinnvoll, sich die epidemiologische

»Grundgestalt« (◘ Abb. 8.1) vor Augen zu halten. Demnach wollen wir den Zusammenhang zwischen einer »Exposition« und einem »Ergebnis« untersuchen. Mit ersterem können »natürliche« Exposition wie z. B. Umweltgifte gemeint sein, aber auch Interventionen wie medizinische Behandlungen oder edukative Bemühungen, für letzteres kommen u. a. Erkrankungen, der Tod, ein spezifisches Verhalten oder Behandlungszufriedenheit in Frage. Die verschiedenen Studientypen unterscheiden sich nicht zuletzt darin, inwieweit sie ein »Confounding« in den Griff bekommen, d. h. einen dritten Faktor, der eine Beziehung zwischen Exposition und Ergebnis (die eigentlich interessiert) verdecken oder vorspiegeln kann.

8.2.1   Querschnittstudie

Die Querschnittstudie ist ähnlich einer Fotoaufnahme die gleichzeitige Erhebung von Exposition und Outcome. Da Exposition und Outcome gleichzeitig erhoben werden, bleibt jedoch unklar, ob die Exposition tatsächlich dem Outcome voran gegangen ist. Ein Beispiel hierfür wäre eine Bevölkerungsbefragung zu Rauchen und Herzbeschwerden. Hier kann die Kausalwirkung von der Exposition »Rauchen« zum Outcome »Herzbeschwerden« gehen, aber auch umgekehrt: auf Grund von Herzbeschwerden haben einige der Befragten vielleicht das Rauchen aufgegeben.

Die Querschnittstudie ist für die Abschätzung eines kausalen Zusammenhangs einschließlich einer Wirksamkeitsprüfung ein ausgesprochen schwaches Design; hier sollte man sie bestenfalls als exploratives Instrument sehen, dessen Ergebnisse in weiteren Studien untersucht werden müssen. Allerdings ist eine Querschnittstudie optimal geeignet, die Prävalenz von Symptomen, Befunden und Erkrankungen oder Struktur- und Prozessdaten der Versorgung zu erfassen.

8.2.2   Kohorten- und Fall-Kontroll-Studien

Kohortenstudien unterscheiden sich von Querschnittuntersuchungen dadurch, dass Exposition und Outcome nacheinander erhoben werden und

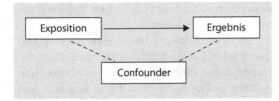

☐ Abb. 8.1 Epidemiologische »Grundgestalt«

so die zeitliche Abfolge vorgegeben ist. Es werden Studienteilnehmer mit bestimmten Eigenschaften (Exponierte sowie Nicht-Exponierte als Kontrolle) rekrutiert und über einen längeren Zeitraum beobachtet, um schließlich zu messen, ob ein bestimmtes Outcome (Erkrankung) auftritt. Kohortenstudien können retrospektiv (wenn ihr Beginn in der Vergangenheit liegt; Expositionsdaten sind z. B. in Krankenakten vorhanden) oder prospektiv (ihr Beginn liegt in der Gegenwart oder Zukunft) angelegt sein. Obwohl valider, ist dieses Studiendesign natürlich wesentlich aufwändiger als die Querschnittstudie, da die Teilnehmer (Kohorte) zu mehreren Zeitpunkten untersucht bzw. befragt werden müssen.

Fall-Kontroll-Studien spielen in der Versorgungsforschung kaum eine Rolle; sie werden typischer Weise in der klassischen Epidemiologie eingesetzt. Hier werden die Probanden nach dem Krankheitsstatus rekrutiert; dann werden sie auf eine relevante Exposition in der Vergangenheit hin untersucht (z. B. durch Befragung oder medizinische Dokumentation) und mit Gesunden verglichen. Da die Untersuchung von der Gegenwart in die Vergangenheit zurück geht, hat man diese Studien früher »retrospektive Studien« genannt. Zwar besteht hier die Gefahr von Bias und Confounding [71]; für die Aufklärung sehr langfristiger Wirkungsprozesse (z. B. Krebsentstehung) haben Fall-Kontroll-Studien jedoch wichtige Erkenntnisse gebracht.

8.2.3 Experimentelle Studien

Bei den bisher diskutierten Studientypen handelt es sich um Beobachtungsstudien, d. h. ob ein Proband exponiert ist oder nicht, liegt nicht in der Hand der Untersucher. Bei den folgenden Studiendesigns werden jedoch die Probanden durch eine aktive

Zuteilung entweder der Gruppe der Exponierten oder einer Kontrollgruppe zugeteilt.

Eine Sonderform der Kohortenstudien stellen *Vorher-Nachher-Vergleiche* dar. Hier wird eine Intervention durchgeführt und der Effekt durch einen Vorher-/Nachher-Vergleich des interessierenden Outcomes getestet. Veränderungen im Outcome nach der Intervention im Vergleich zur Ausgangslage werden dabei auf die Intervention zurückgeführt. Dies ist jedoch nur eine von vielen möglichen Interpretationen. Natürlicher Krankheitsverlauf, Regression zum Mittelwert (»regression to the mean«), Änderungen im Case-Mix einer Einrichtung oder neu eingesetzte Therapien können einen Effekt vortäuschen oder verdecken. Diese Einflüsse lassen sich nur mit einem parallel kontrollierten Design beherrschen. Allerdings können Vorher-Nachher-Vergleiche für Pilotstudien (Rekrutierung, Studienprozeduren) oder Erprobungen einer frühen Phase ein sinnvolles Design sein, das allerdings nur ein Zwischenstadium in einem Forschungsprozess darstellen kann, der durch validere Studien abgeschlossen wird.

Um den Fehlinterpretationen eines Vorher-Nachher-Vergleichs entgegen zu wirken, ist eine *randomisierte, parallel kontrollierte Studie* (»randomized controlled trial«; RCT) sinnvoll. Dies ist der Goldstandard zur Beurteilung der Wirksamkeit einer Intervention (z. B. Erfolg einer Implementierungsstrategie). Die Probanden werden zufällig (randomisiert) zwei oder mehr Studienarmen zugeteilt. Dabei wird die Prüfbehandlung (z. B. Schulung von Gesundheitspersonal) mit einer Kontrollgruppe verglichen, die entweder eine Kontrollmaßnahme (z. B. eine Schulung zu einem anderen Thema – »Plazebo«) oder keine Intervention (»usual care« als Abbild der üblichen Behandlung) erhält. In allen Gruppen werden zu den gleichen Zeitpunkten die gleichen Daten erhoben. Durch die Randomisierung sichert man die Strukturgleichheit der Behandlungsarme, d. h. eine Gleichverteilung von sämtlichen Einflussgrößen (potenziellen Confoundern) auf das Ergebnis.

Eine Sonderform des RCT ist die *cluster-randomisierte Studie*. Hierbei werden nicht einzelne Patienten, sondern Aggregate randomisiert, z. B. Praxen. Dies ist gerade bei der Implementierung neuer Behandlungsstrategien oft sinnvoll. Es ist von Ärzten oder Behandlungsteams kaum zu erwarten, dass sie je nach Studienarm des einzelnen Patienten zwischen der innovativen und der herkömmlichen Behandlungsweise hin- und herwechseln; verschiedene Verfälschungen (»Kontamination«) sind hier möglich. Als Konsequenz randomisiert man die einschlägigen Einheiten (Praxen, Stationen, Krankenhäuser), führt bei ihnen die Implementierung (z. B. Protokoll zur Hypertonie-Behandlung) durch und misst den Erfolg beim einzelnen Patienten (z. B. Blutdruck).

In den letzten Jahrzehnten ist viel über die Sinnhaftigkeit und Praktikabilität randomisierter Studien diskutiert worden. Kein anderes Design kann eine Vielzahl von – auch unbekannten und ungemessenen – Confoundern berücksichtigen. Vorbehalte gegen die Randomisierung einzelner Patienten, wie sie z. B. in Bezug auf plazebokontrollierte Medikamentenstudien oft geäußert werden, spielen nach unserer Erfahrung bei cluster-randomisierten Studien kaum eine Rolle. Allerdings ist die Logistik dieser Studien bei einer großen Zahl von Zentren (Praxen) eine starke Herausforderung.

8.3   Studiendesigns: spezifisch

Die bisher diskutierten Studientypen entsprechen der klinisch-epidemiologischen Lehre. Für unseren Kontext (Implementierung von Innovationen, interventionelle Versorgungsforschung) haben sich Studiendesigns herausgebildet, die auf diesen Grundlagen beruhen, im Detail aber doch eine Anpassung an die spezifischen Fragestellungen und das Setting darstellen.

8.3.1   Praxistest

Diese Art von Studie hat ihre edukative Parallele in der »formativen Evaluation« [72]. Hier geht es nicht darum, abschließend und nach außen hin die Wirksamkeit einer Intervention zu demonstrieren, sondern vielmehr darum, die Umsetzung als Prozess zu erfassen und das Produkt selbst entsprechend weiter zu entwickeln. Dabei ist es auch sinnvoll, fördernde und hemmende Faktoren zu

identifizieren, um Intervention bzw. Implementierung darauf einzustellen.

Als Studiendesigns findet man überwiegend Quer- oder Längsschnittstudien ohne Kontrollgruppe. Meist wird eine Vielfalt quantitativer und qualitativer Daten erhoben. Diese kommen von den Einrichtungen (z. B. Praxen) oder Personen (z. B. Allgemeinärzte, medizinische Fachangestellte), an welche sich die vorgesehene Implementierung wendet, aber auch inhaltliche Beiträge von Patienten werden immer häufiger gesucht. Neben »objektiven« Verhaltensdaten (Prozesse) haben hier persönliche Einschätzungen (Akzeptanz, Umsetzungsbereitschaft oder Zuversicht) ihren Platz. Die externe Validität solcher Auswertungen ist begrenzt; in der Regel werden für solche Studien Praxen bzw. Einheiten mit spezifischer Motivation und damit wissenschaftlicher Ergiebigkeit gewonnen.

Bei den Praxistests im Rahmen des DEGAM-Leitlinien-Programms [73, 74] haben sich zwei etwas unterschiedlich akzentuierte Formen herausgebildet. Bei der *qualitativen Befragung* wird entsprechend der Critical-incident-Methode eine begrenzte Zahl von Patienten mit dem interessierenden Problem identifiziert. Zusätzlich kann nach weiteren Kriterien stratifiziert werden, z. B. gezielte Rekrutierung von Patienten, bei denen die Vorgaben der Leitlinie sinnvoll erscheinen bzw. das Vorgehen nach der Leitlinie gerade nicht hilfreich ist. Die betreuenden Ärzte werden dann in eher offenen Interviews nach ihrem Vorgehen im konkreten Fall und ihrer Einschätzung der Leitlinie befragt. Eine solche Untersuchung zielt also primär auf die Akzeptanz bei der Zielgruppe, das Vorgehen (Datenerhebung, -auswertung) ist überwiegend qualitativ, auch Barrieren und Optimierungsvorschläge können hier erfasst werden. Nach dieser Methode sind die Leitlinien zu Rückenschmerzen und Ulcus cruris evaluiert worden.

Bei der *praxisepidemiologischen Erhebung* sind dagegen alle Patienten zu dokumentieren, die zum Geltungsbereich einer Leitlinie gehören. Medizinische Basisdaten und die vom behandelnden Arzt initiierten Prozesse werden standardisiert erfasst und können dann daraufhin ausgewertet werden, ob sie der Vorgabe der Leitlinie entsprechen

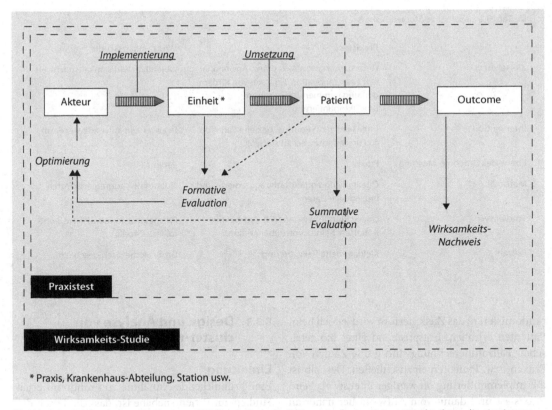

* Praxis, Krankenhaus-Abteilung, Station usw.

◻ **Abb. 8.2**   Reichweite von Praxistest und Wirksamkeitsstudie (Akteur ist z. B. eine Universitätsabteilung, die eine Innovation verbreitet und evaluiert)

oder nicht. Kommentare und Einschätzungen der Behandlungsteams (z. B. ob die Leitlinie im Einzelfall hilfreich ist oder nicht) können hier durchaus erfasst werden, sind allerdings wegen der großen Stichprobe knapp zu halten. Bei diesem Design kann auch die Häufigkeit und Art von Problempräsentationen untersucht werden. Hier ist das Vorgehen also eher quantitativ, die Stichproben beanspruchen Repräsentativität, während sie bei der im vorigen Absatz dargestellten qualitativen Befragung eher nach der Ergiebigkeit zu ziehen sind. Mit Hilfe einer praxisepidemiologischen Erhebung sind die Leitlinien zu Kopfschmerzen, Rhinosinusitis, Brennen beim Wasserlassen, Müdigkeit und Ohrenschmerzen evaluiert worden.

Beide Akzentuierungen des Praxistests haben ihre Berechtigung. Sind genügend Ressourcen vorhanden, sollten sie beide eingesetzt werden. Ansonsten ist inhaltlich zu entscheiden, welches

Design für den Forschungs- und Evaluationsprozess den relevanteren Beitrag leistet.

8.3.2 Wirksamkeitsstudie

Während der Praxistest (◻ Abb. 8.2) gleichsam ein Vergrößerungsglas darstellt, um die Entscheidung und Abwägung von Ärzten bzw. Prozessen innerhalb ihrer Praxen zu untersuchen, ist die Wirksamkeitsstudie die Vogelschau, die sich überwiegend auf objektiv messbare Ergebnisse (»output«) als Kriterium richtet. Dieser Studientyp entspricht der summativen Evaluation; Ziel ist die abschließende Demonstration einer Wirksamkeit nach außen (◻ Tab. 8.1).

Um Bias zu reduzieren, ist hier ein randomisiertes kontrolliertes Design sinnvoll. Im Kontext der ambulanten Versorgung sind meist Praxen zu

□ Tab. 8.1 Evaluative Studiendesigns

	Praxistest	Wirksamkeitsstudie
Zielsetzung	Untersuchung von Akzeptanz, Anwendbarkeit einer Innovation, Erfassen von fördernden und hemmenden Faktoren Produktoptimierung	Objektiver Wirksamkeitsnachweis
Intervention	Intensiver als in Routine, gezielte Variation zu Forschungszwecken sinnvoll	In allgemein anwendbarer Form
Ebene der Outcome-Messung	Praxis	Patient
Methodik	Qualitativ und quantitativ, aggregierte und individuelle Daten	Quantitativ; aggregierte Daten
Studientyp	Querschnitt (überwiegend), prospektive Kohorten; Keine Kontrollbehandlung	Prospektive, randomisierte, kontrollierte Studie
Fallzahl	Klein, gezielte Rekrutierung	Groß, biometrisch geschätzt

8

randomisieren; das Zielkriterium wird jedoch beim Patienten erhoben. Entsprechend einer biometrischen Fallzahlberechnung sind große Zahlen von Praxen bzw. Patienten einzuschließen. Deshalb ist die Implementierung oft weniger intensiv als beim Praxistest und damit vom Aufwand her näher an dem, was innerhalb einer »Routine« geleistet werden kann. Sie muss wegen hoher Fallzahl standardisiert sein, während im Praxistest oft Variationen eingesetzt werden, um deren unmittelbare Effekte abzuschätzen (Analogie zu Dosis-Wirkungs-Studien). Entsprechend ist das Zielkriterium quantitativ (Einschätzung der Behandlung; Lebensqualität; biologische Surrogatvariablen). Für Studien in der stationären Versorgung gelten grundsätzlich dieselben Überlegungen.

Einen Sonderfall stellt die Wirksamkeitsstudie dar, die ausschließlich ein Prozesskriterium erfasst. In diesem Fall wird lediglich die Wirksamkeit der Implementierung erfasst; die Wirksamkeit am Patienten im Sinne verbesserter Gesundheit wird auf Grund anderer Studien vorausgesetzt (Beispiel: Dokumentation einer Blutdruckmessung mindestens einmal in einem definierten Zeitraum).

8.3.3 Design und Analyse von cluster-randomisierten Studien

Einleitung

Eine grundlegende Annahme von randomisierten Studien auf Patientenebene ist, dass die Daten der einzelnen Patienten unabhängig voneinander sind. Diese Annahme ist bei Studien der interventionellen Versorgungsforschung jedoch nicht haltbar; vielmehr müssen wir davon ausgehen, dass Patienten einer bestimmten Einheit (Praxis, Station usw.) einander »ähnlicher« sind als den Patienten einer anderen Einheit. Auch die Umsetzung der untersuchen Innovation dürfte dafür sorgen, da diese in der einen Praxis gut, in der anderen aber weniger gut gelingt.

Als Konsequenz randomisiert man deshalb die interessierenden Einheiten, richtet die Intervention auf sie aus und berücksichtigt dies bei der Auswertung. Dementsprechend überlegen wir bei einer Studie, welches die Einheit der Randomisierung, die der Intervention, die der Beobachtung und die der Auswertung ist (siehe Stichproben, Ebenen der Studienimplementierung).

Ein weiteres Argument für das Vorgehen der Cluster-Randomisierung und der entsprechenden Auswertung ist die bereits oben erwähnte Gefahr der »Kontamination«; es fällt Ärzten und anderen

Therapeuten schwer, je nach Gruppenzugehörigkeit des einzelnen Patienten vom »neuen« Verfahren auf das »alte« zu schalten und dann wieder zurück. Gerade dann, wenn sie von dem neuen Vorgehen überzeugt sind, wird es ihr Handeln auch bei Patienten im Kontrollarm beeinflussen. Damit wird es schwierig, den Kontrast zwischen Prüf- und Kontrollbehandlung herauszuarbeiten.

Werden solche Studien mit statistischen Standardverfahren (»Patient« als Einheit der Auswertung) ausgewertet, resultiert dieses Vorgehen in einer erhöhten Wahrscheinlichkeit, die Nullhypothese zu Unrecht zu verwerfen und fälschlicherweise enge Konfidenzintervalle zu produzieren [75, 76].

Cluster-randomisierte Studien können wie folgt durchgeführt werden:

- Komplett randomisiert, ohne Einbeziehung von Charakteristiken der einzelnen Cluster.
- Matched-pair, wobei eines von zwei ähnlichen Clustern (Paarbildung) der Intervention zugeordnet wird. Dies bedeutet jedoch auch, dass wenn eines dieser Cluster im Verlauf der Studie nicht mehr zur Verfügung steht, das andere ebenso aus der Studie herausgenommen werden muss.
- Stratifiziert, wobei den Clustern Kombinationen aus Kovariaten (z. B. Alter) und Intervention zugeordnet werden.
- Crossover, bei dem jedes Cluster jede untersuchte Intervention erhält.
  So wurden z. B. in einer Studie, die die Anwendung eines Schnelltestverfahrens für Meticillin resistenten Staphylokokkus aureus (MRSA) bzgl. der MRSA Ansteckungswahrscheinlichkeit untersuchte, 10 Krankenstationen (=Cluster) in einem Londoner Krankenhaus randomisiert. Während die Patienten der Interventionscluster den neuen Schnelltest erhielten, wurde die Kontrollgruppe mit konventionellen Bakterienkulturen bzgl. MRSA untersucht. Nach einer »wash out« Periode von einem Monat wurden dann die beiden Arme getauscht [77].
- Split-plot design, bei dem Individuen innerhalb der Cluster zufällig in die Interventions- bzw. Kontrollgruppe aufgeteilt werden.

Ermittlung der notwendigen Stichprobengröße

Zur Berechnung der Stichprobengröße bei cluster-randomisierten Studien wird eine Schätzung des Intra-Cluster-Korrelationskoeffizienten (intracluster correlation coefficient, ICC) benötigt. Campbell, Grishaw und Stehen [78] schlagen daher auf der Basis der bis zu diesem Zeitpunkt erschienenen Studien vor, im hausärztlichen Setting bei Prozessvariablen (z. B. Anzahl der Überweisungen, Protokollierung von Untersuchungen) einen ICC von ca. 0,1 und bei Ergebnisvariablen (z. B. Behandlungszufriedenheit, physiologische Surrogatgrößen) einen ICC kleiner als 0,05 anzunehmen. Diese Empfehlungen werden mit Ausnahme des mittleren systolischen Blutdrucks (ICC=0,199) im wesentlichen von anderen Studien bestätigt [76, 79]. Generell findet sich, dass die ICCs in der Sekundärversorgung höher sind als in der Primärversorgung.

Weitere methodische Aspekte hinsichtlich Skalenniveau und dem Zusammenhang zwischen ICC und Prävalenz werden in der Literatur diskutiert [80, 81].

Da die Cluster-Randomisierung die Effizienz eines experimentellen Designs reduziert, ist die Ermittlung der jeweils notwendigen Stichprobengröße von besonderer Bedeutung. Bei der herkömmlichen Berechnung der Stichprobengröße von Studien auf Patientenebene wird lediglich der Variation zwischen den Individuen Rechnung getragen. In cluster-randomisierten Studien gibt es jedoch zwei verschiedene Varianzquellen, nämlich die Variation zwischen den Personen innerhalb der Cluster und die Variation zwischen den verschiedenen Clustern. Dadurch muss eine auf Patientenebene erfolgte Berechnung des Stichprobenumfangs um den »variance inflation factor« (VIF) erweitert werden, welcher lautet

$$VIF = 1 + (n-1)\, \rho,$$

wobei n die durchschnittliche Clustergröße und ρ die geschätzte Intra-Cluster-Korrelation auf der Basis von bereits durchgeführten Studien repräsentiert. Aus der obigen Gleichung ist ersichtlich, dass selbst bei einer geringen Intra-Cluster-Korrelation ein großer Designeffekt entstehen kann, wenn die Personenzahl pro Cluster groß ist [75]. Der Designeffekt ergibt sich aus dem Quotienten zwischen der Fallzahlberechnung bei einem cluster-randomisierten Vorgehen und der Fallzahlberechnung bei einer Randomisierung auf Patientenebene [82]. Beträgt ein solcher Quotient z. B. 1.17, dann bedeutet dies, dass die Fallzahl, die bei einer Randomisierung auf Patientenebene berechnet wurde, um 17% erhöht werden muss. Allerdings wird von einigen Autoren eher die Erhöhung der Clusterzahl zur Steigerung der statistischen Power bevorzugt [75]. Kerry und Bland [83] vertreten die Ansicht, dass der Designeffekt ignoriert werden kann, wenn die Intervention auf den einzelnen Patienten gerichtet und die Anzahl der Patienten pro Cluster klein ist.

Wenn man für die Arriba-Studie zur kardiovaskulären Prävention in der Hausarztpraxis [66] die maximale Clustergröße von 15 Patienten, welche somit eine sehr konservative Schätzung darstellt, in die Gleichung für den VIF einsetzt, erhält man $VIF = 1 + (15-1)^* 0,05 = 0,75$, sodass kein Designeffekt resultieren würde. Allerdings ist bei der eher geringen Patientenzahl pro Cluster die Frage zu stellen, ob daraus nicht ein höherer ICC resultieren sollte. Dies wird jedoch von Adams, Gulliford et al. [84] nicht bestätigt, die 31 cluster-randomisierte Studien reanalysierten und ICCs für 1039 Variablen erhielten. Selbst bei Clustergrößen von 20 und weniger bewegten sich bereits die unadjustierten ICCs in dem schon erwähnten niedrigen Bereich. Nach Adjustierung hinsichtlich Patientencharakteristika (z. B. Alter, Geschlecht) oder Charakteristiken der Arztpraxen sanken die Koeffizienten weiter. Bedingt durch den Einfluss dieser Variablen auf die Höhe des ICC plädieren die Autoren für eine zusätzliche Kontrolle dieser Faktoren bei der Randomisierung (stratifiziertes Design). Ebenso keinen konsistenten Zusammenhang zwischen Clustergröße und ICC fanden Campbell, Fayers und Grimshaw [79].

Des Weiteren stellt sich die Frage, wie viele Cluster in eine cluster-randomisierte Studie einbezogen werden sollten. Campbell, Fayers und Grimshaw [79] zitieren grobe Schätzungen, die von mindestens 20 Clustern sprechen oder von mindestens 25 Clustern mit je 25 Personen. Verbindliche Richtlinien zu diesem Punkt liegen nicht vor.

Donner und Klar [75] geben Formeln zur Berechnung der Fallzahl pro Cluster und zur Berechnung der Clusteranzahl für das komplett randomisierte, das matched-pair und das stratifizierte Design an. Sie schlagen vor, die empfohlenen Werte zu Beginn der Studie zu überschreiten, um Reserven zu haben, wenn Personen oder ganze Cluster aus der Studie aussteigen. Es ist nämlich zu bedenken, dass die meisten dieser Studien im Bereich der Prävention angesiedelt sind, in denen das Vorhandensein des interessierenden Merkmals relativ niedrig und ein Effekt der Intervention nicht unmittelbar vorhanden ist. Das könnte die Bereitschaft der Teilnehmer senken, an solchen Interventionen über einen längeren Zeitraum mitzuwirken. Ferner sollte bedacht werden, dass die Teilnehmer an cluster-randomisierten Studien selten repräsentativ für die Gesamtbevölkerung sind. Aufgrund des Aufwandes bei der Rekrutierung der Cluster könnte man geneigt sein, den angestrebten Interventionseffekt zu überschätzen.

Die Health Services Research Unit der University of Aberdeen stellt ein Programm zur Verfügung, mit dem der jeweils benötigte Stichprobenumfang hinsichtlich Anzahl der Cluster und Anzahl der Personen pro Cluster bei einem Zwei-Gruppen-Design ermittelt werden kann [35]. Auf dieser Seite werden ebenso ein Handbuch für den »Cluster Sample Size Calculator« und eine Liste mit empirisch ermittelten Intra-Cluster-Korrelationskoeffizienten (ICCs) bereit gestellt, die als Schätzungen für ähnliche Studien verwendet werden können. Dieses Programm berechnet ebenso, welche minimale Differenz in der Zielgröße einer Studie zwischen Interventions- und Kontrollgruppe als bedeutsam ermittelt werden kann, wenn die Anzahl der Cluster fest ist, z. B. durch eine bestimmte Anzahl von Hausarztpraxen in einer Region.

Genauere Erläuterungen, auch zum theoretischen Hintergrund des »Cluster Sample Size Calculators«, finden sich bei Campbell, Thomson et al. [86] Ein kurzes instruktives Beispiel für eine Fallzahlberechnung geben Kerry und Bland [82]. Giraudeau, Ravaud und Donner [87] geben eine Fallzahlberechnung für cluster-randomisierte cross-over-Studien an, bei denen dieselben Cluster verschiedenen Behandlungen zugeführt werden.

Datenanalyse

Die Anwendung herkömmlicher statistischer Auswertungsmethoden bei cluster-randomisierten Studien macht einen statistischen Fehler I. Art wahrscheinlicher. Dies bedeutet, dass die Nullhypothese leichter zu Unrecht abgelehnt wird. Donner und Klar [75] geben detaillierte Hinweise für die Auswertung von Daten aus cluster-randomisierten Studien, unterschieden nach Skalenniveaus und Studiendesigns.

Weiterhin wird erläutert, welche Punkte bei der Darstellung der Ergebnisse zu beachten sind. Zu diesen gehören unter anderem die klare Benennung der Beobachtungseinheit (Patient, Praxis, Bezirk o.ä.), die Beschreibung der praktischen Durchführung der Randomisierung, die genaue Berechnung der Stichprobengröße, die Verteilung auf die Interventions- und Kontrollarme der Studie und die Diskussion der externen Validität bzw. der Generalisierbarkeit der Ergebnisse.

Twisk [88] gibt eine gut verständliche Einführung in die Analyse von cluster-randomisierten Studien mit der Multilevel-Analyse. Es werden verschiedene Beispiele für Outcomevariablen mit Intervallskalierung, Ordinalskalierung, Nominalskalierung und für »Zählvariablen« (count outcome) ausführlich erläutert. Des weiteren wird auf komplexere Themen der Multilevel-Analyse, wie die Einbeziehung von Kovariaten beim multilevel modelling, die Verwendung der Multilevel-Analyse in Längsschnittstudien und die Multilevel-Analyse mit mehreren Outcomevariablen eingegangen.

Eine detaillierte Anleitung zur Darstellung der Ergebnisse cluster-randomisierter Studien entsprechend der Leitlinien in den Consolidated Standards of Reporting Trials (CONSORT) findet sich bei Campbell, Elbourne und Altman [89] und kann über die Internetpräsenz der Consort Group abgerufen werden [90].

Eldridge, Ashby et al. [91] haben 34 cluster-randomisierte Studien im Bereich der Allgemeinmedizin, die 2004 und 2005 veröffentlicht wurden, auf ihre methodische Qualität untersucht. Es zeigte sich, dass die Mehrzahl der Studien die beschriebenen Prozeduren bei der Ermittlung der Stichprobengröße und der Datenanalyse berücksichtigt haben. Die Verblindung derjenigen, die Patienten für eine solche Studie identifizieren und diese den experimentellen Bedingungen zuweisen, war jedoch in einem Viertel der Studien nicht gegeben. Aussagen zur Generalisierbarkeit der Ergebnisse (externe Validität) wurden selten dargestellt. Allgemein schlussfolgern die Autoren jedoch, dass sich die methodische Qualität von cluster-randomisierten Studien in den letzten Jahren verbessert habe.

8.4   Software

Die Auswertung cluster-randomisierter Studien ist mit mehreren Programmen möglich, von denen einige im Folgenden erwähnt werden.

Das Programm MLwiN kann in der aktuellen Version 2.10 bezogen werden von http://www.cmm.bristol.ac.uk/MLwiN/index.shtml, zuletzt aufgerufen am 10.09.09.

Das Programm HLM liegt in der Version 6 vor (http://www.ssicentral.com/hlm/index.html, zuletzt aufgerufen am 10.09.09).

Twisk [88] empfiehlt, eine lineare Mutilevel-Analyse in SPSS erst ab Version 12 zu rechnen, und zwar mit der Prozedur »Gemischte Modelle«. Entsprechende Syntax-Algorithmen werden vom Autor aufgelistet.

In SAS sind ebenso, je nach Art der Multilevel-Analyse, entsprechende Berechnungen mit den Prozeduren MIXED oder NLMIXED möglich.

Weiterführende Literatur

1   Donner A, Klar N. Design and analysis of cluster randomization trials in health research.London: Arnold 2000
2   Twisk JWR. Applied multilevel analysis. A practical guide.Cambridge: Cambridge University Press 2006

Stichproben

9.1   Repräsentativität vs. Ergiebigkeit

Die Stichprobenziehung für die hier behandelten Studien bewegt sich zwischen zwei grundsätzlichen Polen, die jeweils für bestimmte Forschungsinteressen stehen: Repräsentativität und Ergiebigkeit.

Hinter einer repräsentativen Stichprobe steht die Idee, dass jedes Mitglied in der Grundgesamtheit (engl. population) die gleiche Chance hat, in die Stichprobe aufgenommen zu werden. Deshalb kann man die Erkenntnisse, die aus der Stichprobe gewonnen werden, später auf die Grundgesamtheit verallgemeinern. Voraussetzung dafür ist allerdings, dass die durch einen Zufallsprozess ausgewählten Probanden kooperativ sind. Sobald ein großer Anteil der Angesprochenen sich weigert, an der Untersuchung teilzunehmen, oder einzelne Fragen häufig nicht beantwortet werden, ist mit Verzerrungen (Auswahl-Bias) zu rechnen. Ein hoher Anteil an Verweigerern ist dann zu erwarten, wenn die Datenerhebung aufwändig ist oder einen – aus welchem Grunde auch immer – schwierigen, tabuisierten oder stigmatisierten Bereich berührt.

Die hier diskutierten Studien erfüllen leider beide Bedingungen. Sie sind aufwändig, weil die Probanden (Professionelle) Fälle aus ihrer Praxis dokumentieren und in längeren Interviews eine Rückmeldung einschließlich tiefgehender Reflexionen geben sollen. Zudem ist diese Situation problematisch, weil die Kooperationspartner Einblicke in ihr professionelles Handeln geben sollen; auch wenn der Untersucher deutlich macht, dass die Innovation und nicht die erprobenden Kollegen auf dem Prüfstand stehen, bleibt ein Beigeschmack von (Über-) Prüfung bestehen. Zudem muss die Erhebung in den Praxisablauf integriert werden, was durchaus störend sein kann. Gleichzeitig sind die Möglichkeiten begrenzt, Anreize zu setzen. Druck in welcher Form auch immer ist schon deshalb nicht erwünscht, weil damit die Datenqualität sinkt.

Nur eine sehr begrenzte Zahl von angesprochenen Personen oder Einheiten (Praxen) wird also motiviert und in der Lage sein, z. B. im Rahmen eines Praxistests die Daten zu liefern, die für die Studie gebraucht werden. Selbstverständlich kann man flächendeckend die Praxen in einem KV-Bezirk anschreiben; angesichts der zu erwartenden Antwortquote von 5–20% kann man dann allerdings nicht von einer Zufalls- bzw. repräsentativen Stichprobe ausgehen. Ob die Praxen im weiteren Verlauf wie erhofft kooperieren, ist durchaus unsicher. Der Untersucher muss die Stichprobe also eher nach dem Gesichtspunkt der Ergiebigkeit zusammenstellen.

Die Ergiebigkeit kann man z. B. anhand von Kooperationserfahrungen aus früheren Projekten beurteilen. Sinnvoll ist es auch, Praxisnetzwerke, Qualitätszirkel u. Ä. einzubeziehen. Ein Moderator oder Sprecher kann dabei helfen, einen Konsens in der Gruppe zu erreichen, um das geplante Projekt zu unterstützen. Wenn das gelingt, kann tatsächlich ein gewisser sozialer Druck in Richtung des anvisierten Forschungsziels erzeugt werden.

Auch wenn eine Repräsentativität im Sinne einer Zufallsstichprobe oft nicht möglich ist, sollte man darauf achten, dass relevante Charakteristika in der Stichprobe vertreten sind: große und kleine Praxen, alte und junge Ärzte, Stadt und Land usw. Man kann sich in frühen Studienphasen auch inhaltlich orientieren, indem man solche Ärzte anspricht, die der geplanten Innovation positiv gegenüber stehen und solche, die eher kritisch-distanziert sind (engl. »maximum variation«). Die Äußerungen beider Gruppen können aufschlussreich sein.

Wenn sich die Untersuchung im Bereich des Praxistests bzw. den frühen Phasen der Erprobung bewegt, wird man eher mit einer kleinen, aber ergiebigen Stichprobe arbeiten, was völlig in Ordnung ist. Wenn es dagegen um die definitive Demonstration der Wirksamkeit in einer Phase-III-Studie geht, sollte man eine große Stichprobe ziehen, die der Grundgesamtheit ähnlich ist. Auch hier wird man nur selten mit einer echten Zufallsstichprobe (z. B. von Praxen) arbeiten; durch ein entsprechendes Studiendesign (unkomplizierte Ein- und Ausschlusskriterien, geringer Dokumentationsaufwand für die Praxen, einleuchtende und praxisrelevante Fragestellung) kann der Untersucher aber sicherstellen, dass im Grunde genommen »jeder« mitmachen kann.

9.2   Ebenen der Studienimplementierung

Während bei der klassischen Medikamentenstudie eindeutig der Patient die entscheidende Einheit bei

Rekrutierung, Randomisierung, Intervention und Auswertung ist, sind die Verhältnisse bei den hier behandelten Studien wesentlich komplizierter. Bei Wirksamkeitsstudien der Phase III müssen wir für jede dieser Funktionen getrennt überlegen, welches die geeignete Behandlungseinheit ist.

- **Einheit der Intervention**
Dies sollte der Ausgangspunkt der Überlegungen sein; bei Implementierungsstudien geht es primär um die Intervention der Versorgungseinheit (Praxis, Station, Krankenhaus); der einzelne Patient kommt erst sekundär ins Spiel; Die versorgende Einheit wird instruiert und auf die Studie vorbereitet, um die sog. Kontamination zu vermeiden (▶ Abschn. 10.4), deshalb ist sie meist auch die

- **Einheit der Rekrutierung**
Praxen oder Krankenhäuser (-Stationen) werden zur Teilnahme eingeladen und sind deshalb als Einheit der Rekrutierung anzusehen. Allerdings lässt sich bei der Rekrutierung oft eine übergeordnete Einheit nutzen, wie z. B. ein Praxisnetz oder ein Qualitätszirkel. Hier haben natürlich einzelne Praxen bzw. Ärzte zumindest die Möglichkeit, ihre Teilnahme individuell abzusagen. Sekundär müssen von den teilnehmenden Aggregaten außerdem Patienten rekrutiert werden, wenn das Zielkriterium am einzelnen Patienten erhoben werden soll.

- **Einheit der Randomisierung**
Während bei der klassischen Medikamentenstudie der einzelne Patient randomisiert wird, wird man sich bei einer Implementierungsstudie, bei welcher Aggregate (z. B. Praxen) als Einheit der Intervention dienen, in der Regel entschließen, diese auch zu randomisieren.

- **Einheit der Beobachtung**
Meistens werden die Effekte einer Intervention auf der Ebene des einzelnen Patienten untersucht; als Beispiele seien die Blutdruckeinstellung, veränderte Verhaltensweisen (Rauchstopp, mehr körperliche Aktivität) oder Lebensqualität genannt. Eine Ausnahme bilden Elemente der Strukturqualität; hier ist es sinnvoll, das Aggregat auch als Einheit der Beobachtung zu bestimmen. Als Beispiel seien Personalentscheidungen, Ausstattung (medizinische Geräte, Software), Teilnahme an Kursen u. Ä. genannt.

Die Wahl der Rekrutierungseinheit ist eine pragmatische Entscheidung. Dadurch, dass in der Regel Aggregate *und* Patienten gewonnen werden müssen, ist eine eindeutige Trennung der Ebenen oft nicht möglich. Die Bestimmung der Einheit von Intervention und Randomisierung hat allerdings gravierende Konsequenzen. Wird hier ein Aggregat gewählt, das Zielkriterium jedoch auf der Ebene des Patienten erfasst, muss dies bei der statistischen Auswertung bedacht werden. Denn Patienten, die aus demselben Aggregat stammen, ähneln sich eher als die Patienten anderer Aggregate. Diese Situation führt in der Regel zu höheren Fallzahlen und geringerer Teststärke (Power), was bereits bei der Studienplanung einzukalkulieren ist (▶ Abschn. 8.3.3; »Statistische Fallzahlberechnung«).

9.3   Patienten im ambulanten Sektor

Werden Patienten zur Teilnahme an einer Studie angesprochen, sind für die ambulante Versorgungsforschung weitere Differenzierungen erforderlich. Wird Ärzten beispielsweise eine neue kommunikative Strategie vermittelt, die krankheits- oder problemübergreifend einsetzbar ist, ist die Einheit der Beobachtung (Videoaufnahme) die *Konsultation*. Hier kann es vorkommen, dass ein Patient (Person) mehrere Beobachtungen beiträgt. Werden in einem Zeitraum alle Praxispatienten mit einem bestimmten Problem (z. B. Symptom Müdigkeit oder Rückenschmerzen) eingeschlossen, ist der *konsultierende Patient* die relevante Einheit; ein im Studienzeitraum zum zweiten Mal die Praxis aufsuchender Patient würde ausgeschlossen werden. Von großer Bedeutung ist natürlich die Krankheitsepisode, sei dies eine leichte, akute Erkrankung oder das Aufflackern einer chronischen Erkrankung. Um diese zu erfassen, würde man konsultierende Patienten rekrutieren. Da eine weitere Episode im Studienzeitraum die Annahme der statistischen Unabhängigkeit der beobachteten Individuen verletzen würde, wäre ein zum zweiten Mal konsultierender Patient auszuschließen. Alternativ wäre bei der statistischen Auswertung zu berücksichtigen, dass Patienten mehrere Beobachtungs-Einheiten (z. B. Krankheitsepisoden) beitragen.

Gerade bei der Auswertung von Routinedaten in der ambulanten Versorgung mag es sinnvoll sein,

9

Quartalsfälle zu Grunde zu legen. Durch die KV-Abrechnungsdaten ist hier der Nenner meist mit einer geringen Fehlerquote zu bestimmen.

Besonders bei dauerhaften Gesundheitsproblemen (chronische Erkrankungen) ist die Unterscheidung von *inzidenten* und *prävalenten Fällen* von Bedeutung. Logistisch macht es einen großen Unterschied, ob für eine Studie nur Patienten mit einer neu (erstmalig) diagnostizierten Depression angesprochen werden sollen (inzident) oder jegliche Patienten, bei denen dies jemals ein Problem gewesen ist (prävalent). Im letzteren Fall würde rasch eine relativ große Stichprobe zustande kommen, da hier auch Patienten bei einem Folgebesuch wegen ihrer bereits bekannten Depression oder gar bei der Konsultation aus einem anderen Anlass rekrutiert werden können. Die Rekrutierung von inzidenten Fällen dagegen ist gerade bei chronischen Erkrankungen langwierig und erfordert eine große Zahl rekrutierender Zentren und/oder einen langen Rekrutierungszeitraum. Der Vorteil ist allerdings, dass die Stichprobe einheitlicher in Bezug auf das Krankheitsstadium ist. Die Identifikation prävalenter Fälle ist durch eine EDV-gestützte Dokumentation wesentlich erleichtert; sie kann jenseits vom Praxisbetrieb vorgenommen werden, die Patienten können angeschrieben bzw. beim nächsten Praxiskontakt angesprochen werden. Bei inzidenten Fällen müssen die behandelnden Teams, auch wenn die Situation ungünstig ist (Zeitdruck, starke Beschwerden der betroffenen Patienten), verlässlich rekrutieren.

Da in Deutschland noch keine allgemeine Pflicht zur Einschreibung bei einem Hausarzt besteht, sind Rückschlüsse von in der Praxis rekrutierten Patienten auf die Allgemeinbevölkerung immer fragwürdig. Bei diesen Studien nehmen wir gesundheitliche Störungen immer durch den Filter der spezifischen Inanspruchnahme wahr, d. h. nur die dem Hausarzt präsentierte Pathologie lässt sich mit diesen Studien erfassen. Häufiger die Praxis aufsuchende Patienten (z. B. Frauen, Säuglinge, Kleinkinder, ältere Menschen) sind überrepräsentiert, wenn in definierten Zeiträumen rekrutiert wird. Ein Teil der Störungen wird nicht erfasst: Eine Erhebung in hausärztlichen Praxen wird z. B. nicht die Patienten erfassen, die eine Spezialpraxis aufsuchen. In Ländern mit einer obligaten Registrierung

beim Hausarzt lässt sich mittels der Praxen eher ein Bild über die Gesundheit bzw. das Versorgungsgeschehen der Bevölkerung gewinnen.

9.4   Ein- und Ausschlusskriterien

Auch bei den Ein- und Ausschlusskriterien sind zwei Ebenen zu berücksichtigen: zum einen die Prüfeinheiten (Praxen usw.), zum anderen die Patienten. Die Definition dieser Kriterien bestimmt letztlich, für welche Grundgesamtheit Schlussfolgerungen einer Studie Gültigkeit haben. Während bei klinischen Studien (z. B. Medikamente) die Vermeidung von biologischer Schädigung (Kontraindikationen für die Prüfbehandlung) und die Definition der Schwere bzw. des Stadiums der zu behandelnden Erkrankung im Vordergrund stehen, sind bei den hier diskutierten Implementierungsstudien folgende Gesichtspunkte zu bedenken:

- **Wissenschaftliche Validität**
Primärer Gesichtspunkt ist die Fragestellung der Studie und die Grundgesamtheit, über die mit Hilfe einer Stichprobe Erkenntnisse gewonnen werden sollten; Ein- und Ausschlusskriterien sollten – neben der damit zusammenhängenden Rekrutierungsstrategie – dafür sorgen, dass die Grundgesamtheit möglichst unverzerrt wiedergegeben wird.

- **Relevante Indikationen**
Gerade wenn das Zielkriterium der Studie an Patienten erhoben wird, sollten Sie die Stichprobe so definieren, dass eine Veränderung im Sinne der Prüfintervention zu erwarten ist. Wenn etwa Lebensqualität oder Funktion bei Rückenschmerzen durch eine Intervention verbessert werden sollen, macht vor allem die Rekrutierung von Patienten mit entsprechenden Einschränkungen bzw. Beschwerden Sinn. Sollte eine solche Eingrenzung mit Hilfe eines Einschlusskriteriums nicht möglich sein, ist die Stichprobe deutlich zu vergrößern.

- **Praktikabilität**
Aus studientechnischen Gründen kann es erforderlich sein, nur Praxen mit bestimmten Ausstat-

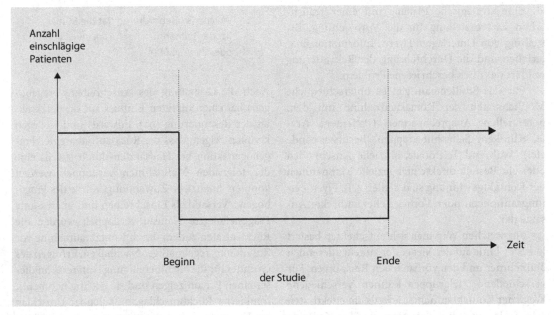

Anzahl
einschlägige
Patienten

Beginn

Ende

Zeit

der Studie

Abb. 9.1 Gesetz von Lasagna

tungsmerkmalen zu rekrutieren, z. B. solche mit EDV-gestützter Dokumentation (um Patienten mit einer bestimmten Diagnose zu identifizieren) oder einem separaten Raum (um Patientenbefragungen während der Sprechstunde durchführen zu können). Oft wird die Teilnahme auf eine bestimmte Region begrenzt, um die teilnehmenden Praxen ausreichend betreuen zu können. Bei diesen Einschränkungen auf der Ebene teilnehmender Aggregate ist allerdings zu bedenken, dass damit die externe Validität der gesamten Studie eingeschränkt wird.

■ **Vermeidung von Schaden**

Während dieser Gesichtspunkt bei klinischen Studien (Medikamente, operative Verfahren, Diagnostik) von zentraler – auch ethischer – Bedeutung ist, spielt er bei den hier behandelten Interventionsstudien kaum eine Rolle. Im Verhältnis von Arzt (ggf. Team) und Patient kommen in der Regel zugelassene oder bereits etablierte Behandlungsmethoden zum Einsatz, über deren Indikationen oder Kontraindikationen auch in der Routineversorgung unabhängig von der Studie entschieden werden muss.

> Gerade auf der Ebene des Patienten stellt eine lange Liste von Ein- und Ausschlusskriterien eine wichtige Rekrutierungsbarriere dar. Sie sollten deshalb auf ein Minimum beschränkt werden.

9.5 Rekrutierungsstrategie

Wenn Studien der Versorgungsforschung scheitern, so scheitern sie oftmals nicht an der mangelnden wissenschaftlichen Qualität der Planung, sondern an der Rekrutierung.

Mit dem »Gesetz von Lasagna« (Louis Lasagna, italienischer Pharmakologe, 1923–2003) wird jeder, der Studien durchführt, irgendwann einmal konfrontiert werden (■ Abb. 9.1). Die optimistische Einschätzung der Beteiligten, ein ausreichendes Maß an Studienteilnehmern rekrutieren zu können, wird kurz nach Studienbeginn enttäuscht; plötzlich bleiben die Patienten aus, welche die Einschlusskriterien erfüllen sollten; Urlaubszeiten und Grippewellen stellen ein weiteres Hindernis dar; rekrutierende Einheiten ermüden früher als erwartet.

Eine strategische Planung mit einer realistischen Zeitvorstellung für die Vorbereitung, Erstellung von Unterlagen, Flyern, Informationsmaterialien und die Durchführung der Rekrutierung mildert das oben beschriebene Problem.

Für das Studienteam gibt es unterschiedliche Möglichkeiten der Kontaktaufnahme mit dem potentiellen Ansprechpartner (Patienten, Ärzte, Kliniken, Selbsthilfegruppen, Berufsverbände etc.). Während Telefonate, offizielle Anschreiben oder ein Besuch direkte und gezielte Maßnahmen der Kontaktgewinnung sind, stellen z. B. Flyer, Zeitungsannoncen oder Vorträge eher indirekte Ansätze dar.

Für welchen Weg man sich entscheidet, basiert in erster Linie auf der Menge der zu rekrutierenden Teilnehmer und den vorhandenen Ressourcen. Für verschiedene Zielgruppen können verschiedene Wege der Kontaktaufnahme jeweils am effektivsten sein. So lassen sich andere Ärzte gut über Kontakte beruflicher oder privater Natur (z. B. Qualitätszirkel) rekrutieren. In manchen Situationen sind auch Beziehungsebenen von Bedeutung. Soll der Leiter einer Klinik in eine Studie einbezogen werden, ist es hilfreich, wenn der Abteilungsleiter der die Studie koordinierenden Einheit den ersten Kontakt aufnimmt.

Dem über die geplante Studie informierenden Anschreiben kommt eine Schlüsselrolle in Bezug auf eine erfolgreiche Rekrutierung zu. Bei der Konzeption des Textes ist in erster Linie korrekt und ausführlich über die Studie zu informieren.

Basisinformationen sind in der ▶ Übersicht gelistet.

Basisinformationen

1. Vorstellung: Wer ist der Ansprechende und wie ist er erreichbar.
2. Warum wird die Studie durchgeführt (Doktorarbeit, Pharmaforschung etc.). Wer ist der Geldgeber bzw. Auftraggeber.
3. Wie wird mit den persönlichen Daten verfahren (Anonymisierung/Pseudonymisierung). Wer hat Zugang zu den Daten.
4. Warum gerade dieser Ansprechpartner/ Teilnehmer, wie ist man an dessen Daten gekommen.

5. Welche Größenordnung hat die Studie (ist der Teilnahme »hochexklusiv« 1 von 10, oder 1 von 10.000).

Auch die Gestaltung des Anschreibens/Fragebogens hat einen direkten Einfluss auf die Effektivität der Rekrutierung [92]. Edwards und Kollegen konnten zeigen, dass die Rücklaufraten einer Fragebogenaktion bei Hausärzten durch jeweils eine der folgenden Maßnahmen verdoppelt werden konnten: finanzielle Zuwendung, Kürze des Fragebogens, Versand als Einschreiben und interessante Fragestellungen. Nahezu verdoppelt wurden die Rücklaufraten zudem durch Kontaktaufnahme vor Zusendung, regelmäßiges Nachhaken, Erfragen des Grundes für die Nichtbeteiligung (Interesse an dieser einen Person zeigen und sie wichtig nehmen!), frankierter Rückumschlag, auffallender Umschlag bei Versendung und Benutzen von farbiger Tinte. Es ist deshalb durchaus statthaft, Prinzipien der Werbung aufzugreifen, wenn man Interesse zur Teilnahme an einer Studie wecken will [92–94].

Nachfolgend eine Auswahl konkreter Beispiele hilfreicher Elemente, die in eine Rekrutierungsstrategie integriert werden können:

- **Prämien:** Das muss nicht immer Geld sein, auch eine kleine Überraschung, die Auswertung der Studie in ansprechend gebundener Form oder ein großes Photo des Praxisteams motivieren zur Teilnahme.
- **Zusatzqualifikation:** Durch die Beteiligung an der Studie erwirbt der Teilnehmer Zusatzkenntnisse z. B. im betriebswirtschaftlichen Bereich, oder er wird qualifiziert für eine bestimmte Methode (»arriba – Arzt«) [65, 95]. Durch Studienteilnahme bekommt der Arzt Fortbildungspunkte anerkannt.
- **Ansehen:** Der Teilnehmer wird in der Studie erwähnt, bekommt ein Zertifikat für seine Teilnahme oder erscheint in der öffentlichen Presse (zitiert oder mit Bild); die Studie wird öffentlich dargestellt.
- **Arbeitserleichterung:** Durch die Studie werden Arbeitsprozesse durchleuchtet, die der Arzt ohnehin adressieren wollte, z. B. in der Studie wird eine Leitlinie getestet, die dem Arzt hilft, die diagnostische Abklä-

rung von Brustschmerzpatienten besser zu strukturieren.

- **Persönliches Interesse, Emotionen der Teilnehmer:** Der Teilnehmer (Patient) erfährt mehr über seine Erkrankung und kann »endlich« mal alle Fragen stellen, er fühlt sich ernst und wichtig genommen, erfährt etwas über sich, erlernt eine positive Einstellung.

Der Zeitpunkt für die Rekrutierung sollte überlegt gewählt werden. So sind z. B. die Sommerferien ungünstig, um Schulkinder oder Arbeitnehmern zu rekrutieren. Für die Initiierung einer sportlichen Aktivität würden sie jedoch einen günstigen Zeitpunkt darstellen. In der ersten Quartalswoche wird ein Hausarzt nur ungern eine zeitaufwändige Studie machen, einen Vortrag besuchen oder seine Post aufmerksam durchlesen.

Zusammenfassend hängt eine erfolgreiche Rekrutierungstrategie zum einen von der Nutzung persönlicher Kontakte und institutioneller Strukturen (Existierende Qualitätszirkel, Praxisnetze, Kliniksverbünde) ab. Hier besteht natürlich die Gefahr des Selektionsbias, die sich ich der Regel nicht ganz auflösen lässt.

Zum anderen bietet der gezielte Einsatz aktivierender Elemente einen Anreiz zur Studienteilnahme. Ausführliche Informationen über Studieninhalte und –ablauf sind obligat.

In der allgemeinmedizinischen Forschung arbeiten die jeweiligen Universitätsabteilungen schon über viele Jahre mit einem Netzwerk von Forschungspraxen zusammen. Das in der gemeinsamen Durchführung von Studien bereits gewonnene gegenseitige Vertrauen ist ein nicht hoch genug einzuschätzender Faktor, wenn es um die erfolgreiche Durchführung neuer Forschungsvorhaben geht.

Intervention

10.1 Doppelcharakter der Studienintervention

Jede Studienintervention besteht aus zwei Elementen bzw. Phasen (◨ Abb. 10.1):

- der Intervention einer Zentrale, die auf mehrere Prüfeinrichtungen zielt und
- der Intervention, welche diese Prüfeinrichtungen auf Patientenebene implementieren.

Bei der »Zentrale« mag es sich um eine Universitätsabteilung handeln, eine Firma, eine Krankenkasse oder eine kassenärztliche Vereinigung. Die Zentrale bewegt die Prüfeinrichtungen (Praxen, Krankenhäuser/-Abteilungen) zu einem Verhalten, dass dem Studienprotokoll entspricht. Daraufhin laden Ärzte oder auch andere Gesundheitsprofessionen innerhalb der Prüfeinrichtungen Patienten ein, an der Studie teilzunehmen und setzen die Vorgaben des Protokolls entsprechend um.

Spricht man im Zusammenhang mit klinischen Studien von »Interventionen«, wird meist nur der letzte Aspekt bedacht, nämlich das Verhältnis von Prüfeinrichtungen (Prüfärzten) zu Patienten. Dies hat dann zur Folge, dass die Studienleitung bei Problemen dem ersten Aspekt zu wenig Aufmerksamkeit schenkt. Obwohl die Ursache z. B. in der Zentrale bzw. in deren Verhältnis zu den Prüfeinrichtungen liegt, wird die Ursache für unzureichende Rekrutierung oder Non-Compliance bei den Prüfärzten gesucht.

Es besteht hier jedoch eine klare Hierarchie: die 2. Phase (Prüfeinrichtungen behandeln Patienten) kann nur implementiert werden, wenn die 1. Phase (Zentrale steuert Prüfeinrichtungen) gelungen ist. Oder mit anderen Worten: die *eigentliche* Studienintervention ist das, was sich zwischen Zentrale und Prüfeinrichtungen abspielt; sie setzt dann die 2. Phase in Gang, die sich dem direkten Einfluss der Zentrale in recht hohem Maße entzieht. Diese Überlegungen gelten übrigens auch für jede »einfache« Medikamentenstudie. Man spricht üblicher Weise von »Prüfzentren« und meint damit Kliniken oder Praxen, welche im Auftrag des Sponsors Patienten rekrutieren und protokollgerecht behandeln. Tatsächlich sind diese Einrichtungen jedoch »peripher« aus der Sicht des eigentlichen Studienagenten (z. B. Universität, Firma – Principal Inves-tigator/Sponsor). In diesem Kapitel wird deshalb von Prüf*einrichtungen*gesprochen.

10.2 Motivierung und Verhaltensänderung

Für ein Projekt ist es sinnvoll, im Studienprotokoll die geplanten Interventionen präzise zu beschreiben und die o. g. zwei Stufen zu berücksichtigen. Dabei ist es ratsam, auch hier in Kategorien der Motivierung zu denken: Die Prüfeinrichtungen, die an der Studie teilnehmen, sollen zu einem bestimmten Vorgehen motiviert werden. Dazu gehört, eine Innovation umzusetzen, Patienten zu rekrutieren, bestimmte Daten zu erheben usw. Oft sollen auch Patienten zu Dingen motiviert werden, die sonst nicht von ihnen erwartet werden, z. B. in Interviews ihre Erfahrungen mitzuteilen oder Fragebögen auszufüllen. Im Hinterkopf sollte man den Innovations-Entscheidungs-Prozess bzw. die Stadien der Veränderung haben [96] (▶ Abschn. 4.2 und 4.3).

Die Intervention, um die es bei den genannten Studien geht, hat bei Implementierungsstudien meist einen stark edukativen Charakter; sie zielt auf Verhaltensänderung (von Ärzten, Behandlungsteams, Pflegepersonal, medizinischen Fachangestellten usw.). Bei der Strukturierung einer solchen Intervention helfen die Hintergrundkapitel (▶ Kap. 8 und 9). Die Kombination von prädisponierenden Maßnahmen, Umsetzungshilfen und Erinnerungshilfen bzw. Verstärkern (▶ Abschn. 4.7.2) helfen, eine wirksame Intervention zu konzipieren.

Bei »Professionellen« geht es also in der Regel um zwei Dinge:

- um ein innovatives Element für die Versorgung (dies mag eher klinisch, kommunikativ oder organisatorisch sein), dessen Anwendung auch außerhalb der Studie sinnvoll ist;
- um studienspezifische Prozesse.

Ersteres Element muss als solches interessant und erfolgversprechend sein; deshalb darf man hier auf Seiten der teilnehmenden Ärzte mit einer gewissen Aufgeschlossenheit rechnen. Wenn man allerdings bei der Zielgruppe für das innovative Versorgungselement kein Interesse wecken kann, sollte man das Projekt grundsätzlich überdenken…

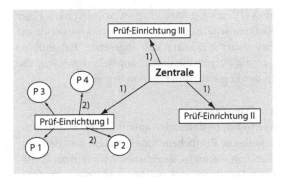

□ **Abb. 10.1** Elemente der Studienintervention

Studienspezifische Prozesse dagegen, z. B. Patienten informieren und aufklären, eigenes Vorgehen dokumentieren, Fragebögen beantworten, sind nur im Interesse der Studienleitung; von Seiten der Kollegen handelt es sich um ein reines Entgegenkommen (das hoffentlich mit einer finanziellen Entschädigung teilweise ausgleichen werden kann).

Im Studienprotokoll muss genau festgelegt werden, wer in den Prüfeinrichtungen die Intervention umsetzen soll. Ist nur eine einzige Berufsgruppe angesprochen oder ist das ganze Team involviert? Die nächste Frage hängt eng damit zusammen: Welche Kompetenz ist zur Umsetzung erforderlich? Ist diese bereits vorhanden, oder sind spezifische Maßnahmen (Information, Fortbildung, Übung) erforderlich? Schließlich: Maßnahmen welcher Intensität und Komplexität sollen eingesetzt werden, um die gewollte Veränderung zu bewirken? Als Studienleiter sollte man ein Interesse daran haben, die Erfordernisse als niedrig und den Studienplan als breit umsetzbar zu kommunizieren; schließlich wird sich die Neuigkeit nach Studienende nur dann in der Routine etablieren können, wenn sie sich ohne allzu großen zusätzlichen Aufwand erlernen und anwenden lässt. Andererseits muss die Studie einen Kontrast darstellen: Im Interventionsarm soll im Vergleich zum Kontrollarm tatsächlich etwas passieren. Dies legt intensive Anstrengungen zur Verhaltensänderung nahe, damit sich überhaupt ein Unterschied zur Normalversorgung ergibt. Die letztendliche Entscheidung hängt von der Zielsetzung der Studie und vom Stand des Entwicklungsprozesses insgesamt ab. Bei »frühen« Studien (explanatorisch) wird man mit höherem Aufwand einen Unterschied herausarbeiten wollen, während

bei »späten« Studien (pragmatisch) eher Maßnahmen eingesetzt werden, die einfach und flächendeckend anwendbar sind.

10.3 Randomisierung

Bei parallel kontrollierten Interventionsstudien ist die Randomisierung ein zentrales Qualitätskriterium. Dazu empfiehlt sich die Zusammenarbeit mit einer erfahrenen Einrichtung (Koordinierungszentrum für Klinische Studien, Institut für Biostatistik). In Anlehnung an die von wichtigen medizinischen Journals im CONSORT-Statement [97–100] geforderten Angaben zur Randomisierung kann nachfolgende Checkliste [101] zur Orientierung herangezogen werden:

- Wie viele Patienten und Prüfeinrichtungen sind vorgesehen?
- Wie soll die Randomisierung durchgeführt werden (zentrale Randomisierung ist vorzuziehen)?
- Wer generiert die Reihenfolge und mit welcher Methode wird diese generiert (Liste von Zufallszahlen, Computer)?
- Wird eine einfache oder eine stratifizierte Randomisierung benötigt (Stratifizierung nach einem wichtigen Merkmal sorgt für Strukturgleichheit in dieser Beziehung)?
- Welche Variable(n) soll(en) bei einer stratifizierten Randomisierung berücksichtigt werden?
- Welche Maßnahmen sind vorgesehen, um eine verdeckte Zuteilung (sog. »concealment«) sicherzustellen?

10.4 Verfälschungen und Verzerrungen

Bei der Umsetzung von Interventionen können Verzerrungen und Verfälschungen (Bias) der Boden bereitet werden; diese können dazu führen, dass die Schlussfolgerungen aus der Studie wertlos und Ihre Mühen damit umsonst gewesen sind. Im Folgenden deshalb einige prophylaktische Hinweise.

Die in diesem Buch an mehreren Stellen besprochenen cluster-randomisierten Studien haben im Vergleich zur üblichen Doppelblind-Studie an Medikamenten zwei gewichtige Schwächen:

- Sie können nicht verblindet werden, zumindest nicht gegenüber den Angehörigen der Prüfeinrichtungen; damit ergibt sich Gelegenheit für allerlei Illusionen und Täuschungen bei der Umsetzung sowie bei der Prozess- und Outcome-Erfassung;
- Die verdeckte Patientenzuteilung (»concealment of allocation«) ist nicht gegeben. Da die Prüfeinrichtungen als solche randomisiert werden, steht bei jedem Patienten, der danach rekrutiert wird, fest, in welchem Studienarm er ausgewertet wird. Dies kann zu unterschiedlicher Rekrutierung in Prüf- und Kontrollarm führen (s. dazu auch ► Abschn. 9.5).

Das Studienprotokoll sollte ferner Gedanken zu weiteren Problemen enthalten, die auch in klassischen Medikamentenstudien eine Rolle spielen (im englischen Sprachraum mit den 6 Cs als Merkhilfe abgekürzt): **C**ointervention – **C**ross-over – **C**ontamination – **C**ompliance – **C**ount (Verluste beim Follow-up) – **C**ontrol.

- **Kointervention**

Darunter versteht man in Studienarmen unterschiedliche Behandlungen, die nicht mit der Prüfbehandlung identisch sind, jedoch einen Effekt auf die interessierenden Outcomes haben. Dadurch können Unterschiede (fälschlich) der Prüfbehandlung zugeschrieben werden oder es werden (tatsächlich) vorhandene Unterschiede verdeckt.

In der ADVANCE-Studie wurde eine intensive Blutzuckerkontrolle bei Diabetikern mit einem weniger intensiven Vorgehen verglichen. Zwar behaupten die Autoren eine Überlegenheit des intensiven Vorgehens. Jedoch zeigt sich bei näherem Hinsehen, dass die Patienten des Prüfarms dreimal so viele Behandlungstermine hatten wie die Vergleichsgruppe. Da sie bei Studienende im Durchschnitt einen um fast 2 mmHg niedrigeren systolischen Blutdruck als die Kontrollgruppe hatten, liegt die Schlussfolgerung nahe, dass nicht nur der Blutzucker, sondern auch der Blutdruck intensiver behandelt wurde [102].

Man muss zwischen einer verfälschenden Kointervention und einer indirekten, aber im Sinne der Intervention durchaus erwünschten Folgemaßnahme unterscheiden. Während das o. g. Beispiel eher

als Verfälschung anzusehen ist, würden nach einer Risikoabschätzung mit dem arriba©-Instrument (www.arriba-hausarzt.de) angesetzte Behandlungen als Folgemaßnahmen angesehen werden, die in der Logik der Intervention liegen.

- **Cross-over**

Wenn Kontrollpatienten außerhalb des Studienprotokolls die Prüfbehandlung erhalten, also den Studienarm wechseln, sprechen wir von einem Cross-over. Dies kann z. B. passieren, wenn ein Prüfpräparat bereits zugelassen oder gar frei verkäuflich ist. Dieses unerwünschte Phänomen ist vom Cross-over-Studiendesign zu unterscheiden, das in bestimmten Situationen von Vorteil sein kann.

Bei Studien, bei denen die Praxis o.ä. die Einheit der Intervention darstellt, ist das Problem quantitativ meist nicht relevant, da für ein »Cross-over« ein rekrutierter Patient die Praxis bzw. Prüfeinrichtung wechseln muss. Dies wird eher zufällig bzw. aus Gründen geschehen, die mit der Studienintervention nichts zu tun haben. Ein Cross-over in diesem Sinne lässt sich durch eine separate Intention-to-Treat- und Per-Protocol-Auswertung quantifizieren; dafür müssen allerdings die entsprechenden Behandlungsdaten während des Follow-up erhoben werden.

- **Kontamination**

Während das Cross-over sich auf der Ebene des Patienten abspielt, bezieht sich der Begriff der Kontamination auf die professionelle Ebene. Angesichts des edukativen Charakters der meisten hier diskutierten Interventionen macht es kaum Sinn, dass die teilnehmenden Ärzte sowohl Patienten des Prüf- wie auch des Kontrollarms behandeln. Dass sie ihr Bewusstsein perfekt spalten und je nach Zuordnung einen Patienten im Sinne der Innovation und den nächsten wie gewohnt behandeln, ist realistisch nicht zu erwarten. Als Konsequenz randomisiert man heute meist die Prüfeinrichtungen (sog. cluster-randomisierten Studie), sodass einzelne Prüfärzte entweder im Prüf- oder im Kontrollarm tätig werden.

- **Compliance**

Dies ist das zentrale Studienproblem – gemeint ist hier die Compliance der Prüfeinrichtungen bzw.

der dort Tätigen. Allerdings ist die Non-Compliance nicht nur als zu behebendes Negativphänomen zu sehen; vielmehr ist sie bei vielen Studien auch informativ: wenn man sie messen kann, ist sie der entscheidende Indikator für die Wirksamkeit unserer Intervention!

■ **Verluste beim Follow-up**

Wenn Outcomes auf Seiten des Patienten erhoben werden sollen, sind Ausfälle ein doppeltes Problem. Durch die geringere Zahl von auswertbaren Patienten sinkt die statistische Präzision der Aussagen. Außerdem muss befürchtet werden, dass die ausbleibenden Patienten keine Zufallsauswahl darstellen; hier sammeln sich oft die schwerer Erkrankten und die Unzufriedenen oder die Patienten von Einrichtungen, welche der Intervention skeptisch gegenüber stehen. Maßnahmen, die den Anteil fehlender Patienten reduzieren, lohnen sich also. Praxen sind oft dankbar, wenn sie Studienpatienten nicht selbst einbestellen müssen. Eine telefonische Befragung durch Studienpersonal ist nicht nur konsistenter, sondern kann auch einen »Mein-Doktor-ist-der-Beste-Bias« ein wenig reduzieren helfen.

Das Problem (auch Abnutzungsbias oder »Attrition-Bias« genannt) wird bei Studien im Versorgungskontext dadurch relativiert, dass Patienten bei der Prüfeinrichtung in Behandlung bleiben; dadurch können oft wenigstens bestimmte Basisdaten für die Studie erhoben werden. Voraussetzung ist allerdings, dass der Patient nicht ausdrücklich seine Einwilligung zurückzieht und die Löschung sämtlicher Daten verlangt, was allerdings nur extrem selten vorkommt.

■ **Kontrollbehandlung**

Schließlich muss man sich Gedanken darüber machen, womit das Prüfvorgehen verglichen werden soll. Meist wird das derzeit übliche Vorgehen (»usual care«) als Vergleich gewählt. Allerdings fühlen sich die betroffenen Einrichtungen durch die Randomisierung in diesem Arm oft enttäuscht; sie haben nur die Last der Dokumentation zu tragen, während im Prüfarm »die Musik spielt«.

Bei der arriba©-Studie wurde den Praxen im Kontrollarm anstatt der arriba©-Fortbildung eine Veranstaltung zu einem alternativen Thema angeboten, das keinen Bezug zur kardiovaskulären Prävention aufwies (»Placebo-Fortbildung«). Damit hatten die QZ-Termine eine zusätzliche Attraktion, und die Erläuterungen zur Studie (Zielsetzung, Rekrutierung, Dokumentation) wurden bereitwillig akzeptiert. Außerdem hat die Studienzentrale den Ärzten des Kontrollarms nach Ende der Studie zusätzliche Veranstaltungen zu arriba© angeboten; aus Sicht der Ärzte war die Kontroll- also lediglich eine Wartegruppe, wie man sie bei der kontrollierten Evaluation psychotherapeutischer Verfahren oft einsetzt.

Datenerhebung

11.1   Ziel und Zweck

Die im Rahmen unserer Studien erhobenen Daten dienen im Wesentlichen folgenden Funktionen:

- **Zielkriterium**

Dieses dient dazu, die Wirkung bzw. den »Erfolg« einer Intervention abzuschätzen. Um das Risiko für einen statistischen Fehler I. Art zu kontrollieren, ist – zumindest bei konfirmatorischen Phase-III-Studien – eine Variable als primäres Kriterium zu benennen. Dieses sollte inhaltlich so relevant sein, dass es als Entscheidungskriterium dienen kann; mit anderen Worten: nur wenn für diese Variable eine Überlegenheit der Intervention gezeigt werden kann, sollte diese zur Umsetzung in der Routineversorgung empfohlen werden. Dieses Kriterium ist Grundlage der Fallzahlberechnung, der Stichprobengröße und damit der Kostenberechnung des Projekts. Die übrigen Variablen, die zur Wirksamkeitsbeurteilung gemessen werden, haben nur nachrangige (»deskriptive«) Bedeutung und können – bei negativem Haupt-Zielkriterium – keine Umsetzungsempfehlung begründen.

In frühen Studienphasen kann es sinnvoll sein, mehrere Zielkriterien zu erheben. Diese sind allerdings keine Entscheidungskriterien für die Routineversorgung, sondern helfen lediglich, die nächste Studie zu konzipieren bzw. den gesamten Entwicklungsprozess zu überdenken oder gar abzubrechen (falls sämtlich negativ).

- **Ausgangsbasis (engl. »baseline«)**

Für den Leser von Publikationen zu Studienergebnissen ist es wichtig, sich ein Bild von der Stichprobe machen zu können. Dazu gehören Charakteristika der eingeschlossenen Aggregate (z. B. Größe von Praxen, Lage, z. B. Stadt-Land, Alter der Ärzte) wie auch der Patienten (z. B. Alter, Geschlecht, sozialer Status, Schwere bzw. Stadium der Erkrankung). Gerade bei cluster-randomisierten Studien ist es wichtig, die Vergleichbarkeit der Studienarme zu demonstrieren. Da hier Aggregate randomisiert werden, kann es hier eher zu Unterschieden auf der Ebene der Patienten kommen.

- **Confounder, Effektmodifikatoren**

So bezeichnete Variablen stehen jeweils mit der Exposition (Intervention) und dem Ergebnis (Outcome) in einer statistischen Beziehung. Wenn das Problem nicht auf der Ebene des Studiendesigns (z. B. Randomisierung einer ausreichenden Anzahl von Probanden) gelöst ist, muss es durch statistische Auswertungsverfahren berücksichtigt werden. Voraussetzung dafür ist jedoch, dass Hypothesen über entsprechende Zusammenhänge (Confounding, Effektmodifikation) formuliert und die jeweiligen Variablen präzise gemessen werden. Während ein Confounding durch entsprechende Verfahren ansatzweise »heilbar« ist, kommt es bei der Effektmodifikation (Verfahren wirkt bei einer Gruppe [Alter, Geschlecht, Krankheitsstadium usw.], bei der anderen nicht) auf eine Darstellung dieses Zusammenhanges an.

- **Kontext und Bedeutung**

Auch hier handelt es sich um Effektmodifikatoren (Hindernisse, begünstigende Faktoren), allerdings weisen diese u. U. eine hohe Komplexität auf. Die hier diskutierten Interventionen sind davon in hohem Maße abhängig. Kontext und Bedeutung (einer Prüfintervention) werden deshalb typischer Weise in qualitativen Studien mit wenigen Probanden (Gesundheitsprofessionen, Patienten), dafür aber reichhaltigem Material (offene Interviews, Fokusgruppen) untersucht.

Einschlägige Studiendaten lassen sich auch entsprechend dem Innovations-Entscheidungs-Prozess bzw. den Motivationsstadien darstellen (► Abschn. 4.2 und 4.3). Sämtliche der dort aufgeführten Konstrukte sind im Rahmen unserer Implementierungsstudien von Bedeutung. Mit *Anlass* meinen wir das Gesundheitsproblem, dass die zu implementierende Aktivität veranlassen soll; dies können bestimmte Symptome oder Erkrankungen sein, bei übergreifenden Aktivitäten (z. B. Kommunikationstechniken) sämtliche Patienten. Voraussetzung der Implementierung einer Innovation ist die *Kenntnis* bei denjenigen, die sie in der Praxis umsetzen sollen. Der nächste Schritt ist die *Akzeptanz* der Innovation, die z. B. als erfragte inhaltliche Übereinstimmung oder Umsetzungsabsicht operationalisiert werden kann. Gleichzeitig ist die nötige *Kompetenz* erforderlich, die objektive technische Aspekte (Fertigkeiten, Ausstattung) umfasst, aber auch subjektiv von den Betroffenen als gegeben angesehen werden muss (Umsetzungszuversicht).

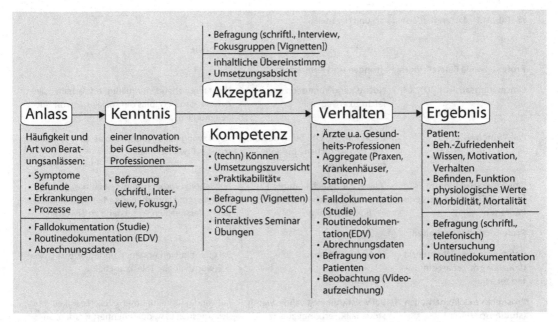

Abb. 11.1 Implementierungsprozesse – relevante Konstrukte und deren Operationalisierung (Letztere jeweils entfernt vom Mittelpfeil)

Akzeptanz und Kompetenz führen allerdings nicht regelhaft zur einem veränderten *Verhalten* von Professionellen im Alltag der Versorgung; dieses muss separat untersucht werden. Schließlich ist das *Ergebnis* zu bedenken, womit der patientenseitige Erfolg einer Intervention gemeint ist, der von der unmittelbaren Zufriedenheit mit der Behandlung bis zu verbesserter Morbidität oder Mortalität reichen kann.

Für Teilstudien in den frühen Phasen des Entwicklungsprozesses (Praxistests) definieren wir Zielvariablen eher auf der »linken« Seite des Diagramms (◘ Abb. 11.1). Im Negativfall, d. h. die Neuerung wird inhaltlich nicht akzeptiert bzw. eine Umsetzungschance wird nicht gesehen, sollte der Entwicklungsprozess abgebrochen bzw. die Innovation substanziell überdacht werden. Das Zielkriterium einer Wirksamkeitsstudie (Phase III) wird dagegen auf der »rechten« Seite anzusiedeln sein; für eine Empfehlung bzgl. der Routineversorgung darf man eine messbare Beeinflussung des Verhaltens von Ärzten und anderen Professionellen oder – vorzugsweise – eine positive Beeinflussung der Einschätzung, des Befindens oder der Gesundheit von Patienten erwarten.

11.2   Operationalisierungen

Während wir im vorangegangenen Absatz von der Funktion der jeweiligen Daten ausgegangen sind, gibt ◘ Tab. 11.1 einen Überblick über verschiedene Datenquellen, die zur Operationalisierung der in ◘ Abb. 11.1 gezeigten Konstrukte dienen können.

Bei der Befragung von Patienten werden oft Größen unzulässig vermischt, nämlich die Erfassung des Verhaltens von Ärzten und Personal (Hat man mit Ihnen über das Rauchen gesprochen?) und die Einstellung des Patienten gegenüber dem Team bzw. seine Einschätzung (Sind Sie mit der Praxis X zufrieden?). Bei dem ersten geht es um die Messung von Verhalten (der Leistungserbringer), beim zweiten um eine Bewertung bzw. Einschätzung.

Man kann davon ausgehen, dass vor allem die globale Einschätzung der Zufriedenheit bei langfristiger Betreuung (z. B. hausärztliche Praxis) einen ausgeprägten Deckeneffekt aufweist, d. h. es liegen praktisch nur (sehr) positive Einschätzungen vor. Ob ein Beobachtungs-Bias besteht oder sich Patienten gezielt Einrichtungen aussuchen, mit denen sie langfristig zufrieden sind (v. a. im ambulanten Sektor), sei hier dahingestellt.

◘ Tab. 11.1   Datenquellen mit Vor- und Nachteilen

	Vorteile	Nachteile
Professionelle Einstellungen, Haltungen und Kompetenz		
Umsetzungsabsicht [103, 104]	Notwendige Voraussetzung, leicht zu erfragen	Nicht hinreichend, nur mäßig mit Verhaltensänderung assoziiert; Bias der sozialen Erwünschtheit möglich
Fall-Vignetten	Ökonomische Erhebung dessen, was Angesprochene für angemessen halten	Nicht zwingend mit Verhalten assoziiert; Bias der sozialen Erwünschtheit
Objektive strukturierte Prüfung (OSCE), standardisierte Patienten	Valide, kann auch kommunikative und psychomotorische Fertigkeiten prüfen	Aufwändig (Vorbereitung; Teilnahme), nicht zwingend mit Verhalten assoziiert, bei etablierten Professionellen Widerstand zu erwarten
Professionelles Verhalten		
Retrospektiver Selbstbericht (Spezialform: »chart-simulated recall«)	Einfach zu erheben	Bei quantitativen Angaben ungenau, Bias (soziale Erwünschtheit), Teleskop-Effekte
Prospektive Dokumentation (studienspezifisch)	Bei Vollständigkeit valide, wenig störanfällig; erbringt zusätzliche praxisepidemiologische Informationen	Aufwändig für Teilnehmer, Lückenlosigkeit muss sichergestellt bzw. dokumentiert werden, andernfalls Auswahl-Bias möglich; auf unbedingt erforderliche Daten beschränken
Routinedokumentation	Einfach, für Teilnehmer kein zusätzlicher Aufwand	Für Studienzwecke oft nicht genügend, spezifischer Bias (z. B. Abrechnungsdiagnosen), u. U. aufwändig für Studienpersonal (Leserlichkeit!)
Audio-Video-Aufzeichnung	Erlaubt die Beurteilung komplexer Abläufe (Kommunikation) und Kompetenzen	Aufwändig, störanfällige Technik, in der Auswahl der Situationen bzw. Konsultationen oft verzerrt
Bericht des Patienten	Einfach zu erheben, wesentliche Perspektive	Bei quantitativen Angaben ungenau, Bias (soziale Erwünschtheit, Halo-Effekte), Teleskop-Effekte

Wenn Sie den Effekt einer Intervention abschätzen wollen, benötigen Sie ein Instrument, das auf Veränderungen »empfindlich« reagiert. Eine globale Beurteilung der Qualität einer Einrichtung erfüllt diese Anforderung in der Regel nicht, auch wenn es hierfür validierte Instrumente gibt. Vielmehr sollten sehr themen- bzw. interventionsspezifisch definierte Verhaltensänderungen erfasst oder sehr spezifische Aspekte bewertet werden.

11.3   Quantitativ Messen

Die Auswahl der Messinstrumente ist ein wichtiger Schritt in der Studienplanung. Unpassende

Messinstrumente können Ergebnisse verschleiern oder zu Unter- bzw. Überschätzungen von Effekten führen.

11.3.1   Qualität von Messinstrumenten

Die Güte eines Messinstruments wird bestimmt von Reliabilität und Validität (auch: psychometrische Charakteristika). Die *Reliabilität* ist ein Maß für die Präzision der Messung. So beschreibt beispielsweise die Test-Retest-Reliabilität, inwieweit Messergebnisse bei wiederholter Messung reproduzierbar sind. Sie hängt von der Variabilität des Untersuchers, der Untersuchten und der Messinstrumente ab. Diese Variabilität der Messergebnisse wirkt sich auf den benötigten Stichprobenumfang aus. Je präziser die Schätzung des Zielkriteriums desto geringer ist die benötigte Fallzahl bzw. desto höher ist die Aussagekraft der Studie. Die Reliabilität kann durch folgende Wege verbessert werden:

- Standardisierung der Messung (Schulung der Untersucher, Festlegung des Procedere in einem genauen Studienprotokoll)
- Wiederholungsmessungen, deren Mittelwert gebildet wird
- Automatisierung der Erhebungsmethode (z. B. automatische Blutdruckmessung)

Die *Validität* beschreibt, inwiefern das Messinstrument die Merkmalsausprägung, das Konstrukt oder Charakteristikum misst, das gemessen werden soll (Gültigkeit der Messung). Die aus einem Forschungsprojekt abgeleiteten Schlussfolgerungen hängen entscheidend von der Validität der Messinstrumente ab. Systematische Fehler beeinträchtigen die Validität der Messung. So können die Ergebnisse – trotz hoher Präzision der Messung – einseitig verzerrt dargestellt werden.

Die Validität einer Messung kann durch folgende Wege positiv beeinflusst werden.

- Verblindung der Untersucher und der Probanden,
- Unbeeinflussbarkeit der Messung durch Untersucher oder Untersuchten (z. B. Messung der Serumkonzentration eines Stoffes statt einer Befragung der Einnahme),
- Kalibrierung.

Auch die oben genannten Maßnahmen zur Verbesserung der Reliabilität (Standardisierung der Messung und genaue Instruktion der Untersucher) können die Validität erhöhen.

Ein reliables und valides Instrument zu entwickeln, ist aufwändig und das Resultat mehrerer Einzelstudien. Ad-hoc für eine Studie selbst »gestrickte« Befragungsinstrumente werden den o. g. Gütekriterien nicht gerecht und machen die Schlussfolgerungen der gesamten Studie angreifbar! Bevor ein Instrument selbst entwickelt wird, sollte deshalb sorgfältig geprüft werden, ob in der Literatur bereits Instrumente vorhanden sind, mit denen die gewünschte Fragestellung bearbeitet werden kann.

Ebenfalls problematisch sind selbst durchgeführte Übersetzungen von einschlägigen Fragebögen z. B. aus dem Englischen. Hier können sich Übersetzungsfehler einschleichen, die einer Frage eine neue Bedeutung geben können. Die Gütekriterien, die für die Originalversion erhoben wurden, sind für die übersetzte Version nicht mehr gültig und müssten erneut untersucht werden. Falls eine geprüfte deutsche Version des einschlägigen Instruments nicht vorliegt, sollte zumindest eine Übersetzung und Rückübersetzung (zur Überprüfung der Übersetzung) veranlasst werden. Für beide Vorgänge sind bilinguale Personen einzusetzen, die mit dem Kontext (medizinische Versorgung, Gesundheitssysteme) und seinem »Jargon« vertraut sind.

11.3.2 Auswahl geeigneter Messinstrumente

Eine gründliche Literatursuche in medizinischen oder psychologischen Datenbanken steht am Beginn der Suche nach einem geeigneten Instrument. Anhand von Studien, die psychometrische Eigenschaften von Tests zum Thema haben oder auch Studien, die an ähnlichen Zielgruppen das interessierende Merkmal gemessen haben, gewinnt man einen Überblick über mögliche Testverfahren. Hat man diese zusammengetragen, müssen deren Gütekriterien gesichtet werden. Bei der Auswahl bzw. Entscheidung für ein Instrument helfen die von Terwee et al. (▸ Literaturempfehlungen am Ende des Kapitels) zusammengestellten Qualitätskriterien, welche die inhaltliche Validität, die interne Konsistenz, die Kriteriumsvalidität, die Konstruktvalidität, die Reproduzierbarkeit der Ergebnisse, die Veränderungssensitivität, Boden- und Deckeneffekte sowie die Interpretierbarkeit der Ergebnisse mit einbeziehen. In ihrem Artikel gehen die Autoren detailliert auf die genannten Qualitätskriterien ein und empfehlen ein Bewertungsschema, welches die Entscheidung für eines der in Betracht gezogenen Instrumente erleichtert [105].

Die *inhaltliche Validität* ist das wichtigste Kriterium für die Auswahl eines Instruments. Je nach Zielsetzung des Instruments fließen die anderen Kriterien mit unterschiedlicher Gewichtung in die Auswahlentscheidung ein. So muss ein Fragebogen

☑ **Tab. 11.2**	Kriterien zur Beurteilung und zum Einsatz von Messinstrumenten
Klassifikationskriterien	Objektiv vs. subjektiv Eigenurteil vs. Fremdurteil Dimensionen der Messparameter Befragte vs. Betroffene Generell vs. spezifisch Art der Messung
Perspektiven	Beachtung verschiedener Dimensionen z. B. allgemeine oder gesundheitsbezogene Lebensqualität Spezifische Instrumente für spezielle Fragestellungen Berücksichtigung der Schwere kognitiver Beeinträchtigungen
Psychometrische Kriterien	Reliabilität Validität Änderungssensitivität Akzeptanz, Durchführbarkeit, Aufwand

zur Unterscheidung körperlich aktiver und inaktiver Patienten in der Rekrutierung von Studienpatienten eine hohe Reliabilität zeigen, während ein Fragebogen, der zur Evaluation eines Bewegungsprogramms eingesetzt wird, eine hohe Änderungssensitivität aufweisen muss.

Ein entscheidendes Kriterium bei der Auswahl der Messinstrumente ist die *Effizienz der Messung*. Der Aufwand für Untersucher und Patienten muss in einem akzeptablen Verhältnis zum Nutzen (der wissenschaftlich ableitbaren Aussage) stehen. Unangemessen viele Messungen, Messinstrumente oder Items (z. B. Fragen eines Fragebogens) führen zu einer Anhäufung unnötiger Daten, wirken abschreckend auf jede Zielgruppe (Ärzte und Patienten) und führen zu unerwünschten Selektionseffekten (weniger geübte und/oder ältere Personen nehmen nicht teil).

Wissenschaftler aus anderen Forschungskulturen machen sich oft nicht den Zeitdruck klar, der sich bei Studien in der Gesundheitsversorgung ergibt. Datenerhebungen bei Ärzten und ihren Mitarbeitern, aber auch solche bei Patienten, müssen oft in schon zeitlich knapp bemessene Routineabläufe eingepasst werden. Mehrseitige Fragebögen, die von Studenten der Psychologie oder der Sozialwissenschaften bereitwillig ausgefüllt werden, führen hier bestenfalls zu selektiver Rekrutierung und einem hohem Anteil fehlender Werte, oft aber auch zu – verständlicher – Komplettverweigerung. Andererseits sprechen psychometrische Gesichts-

punkte dafür, ein bestimmtes Konstrukt mit mehreren Items (Fragen) zu untersuchen.

Letztendlich wird die Auswahl der Messinstrumente eine abwägende Entscheidung des Studienplaners sein, die von der Wichtigkeit des Kriteriums, Sicherheit und Aufwand der Messung (Zeit!) sowie den Kosten der Untersuchung abhängt. ☑ Tab. 11.2 stellt zusammenfassend Kriterien zur Beurteilung und zum Einsatz standardisierter Messinstrumente dar.

11.3.3 Erfassung von Zielkriterien in der Versorgungsforschung (Beispiele)

Funktion

Bei Studien, die sich mit der Evaluation qualitätsverbessernder Maßnahmen in der Versorgung befassen, kommen zahlreiche Größen für die Erfolgsmessung in Frage.

In einer Studie zur Implementierung einer Rückenschmerzleitlinie wurden den Ärzten des Interventionsarms beispielsweise intensiv die Inhalte der Leitlinie vermittelt. Als primäres Zielkriterium wurde die Funktionskapazität des Patienten nach sechs und zwölf Monaten mit dem Funktionsfragebogen Hannover [106] gemessen. Sekundäre Zielkriterien waren z. B. die Schmerzintensität, die Lebensqualität der Patienten oder die Kosten der Versorgung innerhalb der Beobachtungszeit.

Mit der im Beispiel genannten Funktionskapazität wurde ein Zielkriterium auf Patientenebene

◘ **Tab. 11.3**   Verschiedene Ansätze zur Lebensqualitätsmessung

Konstruktebene	Inhalt	Eigenschaften	Vorwiegendes Einsatzgebiet	Messinstrumente (Beispiele)
Allgemeine oder globale Lebensqualität »quality of life« QOL	Aussagen über die allgemeine Lebenssituation	Hoch integriertes Einzelmaß; veränderungssensibel nur bei einschneidenden Lebensereignissen	Medizinsoziologische und -psychologische Grundlagenforschung	Fragebogen zur Lebenszufriedenheit (FLZ) [109]
Gesundheitsbezogene Lebensqualität «health related quality of life' HRQL	Aussagen über den allgemeinen Gesundheitszustand	Mehrdimensionales Merkmalsprofil; veränderungssensibel bei gesundheitsrelevanten Ereignissen	Vergleich zwischen verschiedenen Erkrankungen, krankheitsübergreifendes Zielkriterium	SF-36 [110] KIDSCREEN Group (2001); Quality of life in children and adolescents [111]
Erkrankungsbezogene Lebensqualität «disease related quality of life' DRQL	Aussagen über die Belastung durch spezifische Erkrankungen	Mehrdimensionales Merkmalsprofil; veränderungssensibel bei spezifischen Interventionen	Evaluation krankheitsspezifischer Interventionen	Quality of Life in Reflux and Dyspepsia Index (QOLRAD) [112]; MacNew Heart Disease Health-related Quality of Life (MacNew) [113]

gewählt, d. h. es sollte untersucht werden, ob sich eine ärztliche Verhaltensänderung auf die Krankheit bzw. die Beschwerden des Patienten auswirkt. Dies ist letztlich das Ziel von verbesserten Abläufen in der Versorgung. Gleichzeitig ist es allerdings auch ein sehr ehrgeiziges Zielkriterium. Denn ein Erfolg auf dieser Ebene ist davon abhängig, dass sich durch die Intervention des Projektteams das Verhalten der Ärzte ändert und sich dieses auf das Verhalten der Patienten in einer Form auswirkt (hier Aktivität trotz Rückenschmerzen), die noch ausreichend Stärke besitzt, um den Gesundheitszustand des Patienten bzw. das primäre Zielkriterium zu beeinflussen.

Lebensqualität

Die Lebensqualitätsforschung kann als Schnittstelle von Psychologie und Medizin gelten. Heute zählen nicht mehr nur sogenannte »objektive« Maße (z. B. physiologische Messwerte), sondern die subjektive Wahrnehmung von Wirkungen und Nebenwirkungen einer Therapie wie auch die Auswirkungen der Krankheit seitens des behandelten Patienten. Damit ist die Messung von Lebensqualität wichtiger Bestandteil von klinischen Studien und solchen der

Versorgungsforschung geworden [107, 108]. Das Kriterium der Lebensqualität wird in besonderem Maße der multidimensionalen Sicht des Krankseins gerecht. Verschiedene Ansätze zur Lebensqualitätsmessung sind in ◘ Tab. 11.3 zusammengefasst.

Der *globale* Ansatz geht davon aus, dass Lebensqualität nur in seiner Ganzheit erfasst werden kann. Sie kann z. B. mit einer Frage wie *„Wie ist Ihre aktuelle Lebensqualität im Vergleich zu Ihrer schönsten und schlimmsten Zeit im Leben?"* gemessen werden. Da hier jedoch verschiedene Komponenten der Lebensqualität nicht getrennt werden können, außerdem nur bei sehr einschneidenden Lebensereignissen eine Veränderung des Ergebnisses zu erwarten ist, spielt dieses Konstrukt in der medizinischen Forschung kaum keine Rolle.

Die *gesundheitsbezogene Lebensqualität* bezieht sich auf den Gesundheitsbegriff der WHO, dabei werden die Bereiche des physischen und psychischen Wohlbefindens, der Alltagsfunktionsfähigkeit und der sozialen Integration berücksichtigt. Daraus ergibt sich ein mehrdimensionales Profil (health related quality of life [HRQL]). Diese Instrumente haben den Vorteil, auch krankheitsübergreifend eingesetzt werden zu können (»generisch«).

◻ Tab. 11.4 Zielgrößen im Vergleich – Beispiele	
Klinisch relevante Zielkriterien	Lebensqualität Lebensverlängerung Weniger Schmerz Funktioneller Status Kürzere Krankheitsdauer Verhinderte Rezidive Verhinderte Erkrankungen (Herzinfarkt, Schlaganfall)
Surrogatvariablen	$HbA1_c$ Blutdruck Linksventrikuläre Funktion (Echokardiografie) Lipidspiegel Knochendichte Rückgang der Tumormasse Zahl der T-Helfer-Zellen

Instrumente der *krankheitsspezifischen Lebensqualität* dagegen erfassen Beschwerden und Beeinträchtigungen, die sich bei einer bestimmten Erkrankung ergeben (disease related quality of life [DRQL]). Ihr besonderer Vorteil besteht deshalb in ihrer Veränderungssensitivität, weshalb sie in der interventionellen klinischen und Versorgungsforschung eine besondere Rolle spielen.

Klinische Surrogatvariablen

Für den Nachweis der Wirksamkeit einer klinischen Intervention (z. B. Medikamente) fordert man heute klinisch relevante Zielkriterien, wie z. B. das Auftreten von Schlaganfällen oder Herzinfarkten (Morbidität) oder die allgemeine bzw. spezifische Mortalität. Aber auch die Lebensqualität ist als ein klinisch relevantes, d. h. vom Patienten unmittelbar erfahrenes Zielkriterium anzusehen. Dem stehen sogenannte Surrogatvariablen gegenüber, also physiologische Marker oder bildgebende Verfahren, denen eine Vorhersagefunktion für spätere klinische Ereignisse zugestanden wird, die vom Patienten selbst aber nicht unmittelbar erfahren werden. Dazu gehören z. B. die Blutdrucksenkung (steht für: Vermeidung von Schlaganfällen und Herzinfarkten) oder die im CT festgestellte Remission eines Tumors (steht für: Lebensverlängerung; ◻ Tab. 11.4).

In der *klinischen Forschung* werden Surrogatvariablen kritisch gesehen [114], seitdem sich

gezeigt hat, dass Medikamente auf der Ebene des Surrogatkriteriums wirksam erscheinen, in Bezug auf die Mortalität aber schädlicher sind als eine Nicht-Behandlung (Beispiel der CAST-Studie [115]). Von wenigen Ausnahmen abgesehen, haben Surrogate seitdem nur noch in Phase-II-Studien einen Platz, d. h. für die Entscheidung, ob sich die Durchführung einer Phase-III-Studie mit klinisch relevanten Variablen »lohnt« oder der Entwicklungsprozess wegen fehlender Wirksamkeit abzubrechen ist. Die Vorteile von Surrogatvariablen liegen auf der Hand: sie lassen sich schnell und einfach messen, erlauben die Reduzierung von Patientenzahl und Studiendauer und führen damit zu massiver Zeit- und Kostenersparnis.

In der *interventionellen Versorgungsforschung* dagegen haben Surrogatvariablen einen größeren Stellenwert. In der Regel sind bei einem solchen Projekt valide klinische Studien vorausgesetzt, die eine klare Empfehlung für ein bestimmtes Vorgehen ermöglichen. Geht es beispielsweise um eine Intervention zur Optimierung der Diabetes-Behandlung, so wären die Wirksamkeit und Sicherheit von vermehrter körperlicher Aktivität, Metformin und Insulin vorausgesetzt. Würde man auch für eine solche Interventionsstudie in der Versorgungsforschung klinisch relevante Zielkriterien voraussetzen (z. B. mikro- und makrovaskuläre Organkomplikationen), so wäre eine gigantische und letztlich prohibitive Studienplanung erforderlich (mehrere

Tausend Patienten über mehrere Jahre). Dies wäre andererseits nicht nötig, da der biologische Teil der Wirkungskette (Blutzucker senkender Effekt des Medikaments, Verminderung von Organkomplikationen) geklärt ist. Vielmehr geht es um die Untersuchung der vorgelagerten Implementierungseffekte. Um diese abzuschätzen, ist beispielsweise der Blutdruck-Wert durchaus brauchbar, da er pharmakologische und verhaltensbezogene Interventionen widerspiegelt. Er ist damit ein brauchbarer Marker für die Implementierung einer neuen Blutdruckstrategie bei den teilnehmenden Praxen, für die Wirksamkeit des Vorgehens der Ärzte und die Akzeptanz der Behandlung durch die Patienten.

Voraussetzung für eine zuverlässige Aussage über die Wirksamkeit einer Maßnahme ist ein enger Zusammenhang zwischen Surrogatvariable und dem eigentlichen Kriterium. In der Realität ist jedoch nur für wenige Surrogatgrößen ein kausaler Zusammenhang belegt. Für die Entscheidung über Surrogatvariablen bei der Beurteilung und Planung von Studien gibt die ▶ Übersicht eine Hilfe [116].

Kriterien zur Beurteilung von Surrogatendpunktstudien

— Sind die Ergebnisse von Surrogatmarkerstudien glaubhaft?
  – Besteht eine starke, unabhängige und konsistente Assoziation zwischen dem Surrogatendpunkt und dem patientenrelevanten Endpunkt?
  – Zeigen randomisierte Studien verschiedener Medikamentenklassen und gleicher Medikamentenklassen, dass die Veränderung des Surrogatendpunktes konsistent patientenrelevante Endpunkte verbessert?
— Wie lauten die Ergebnisse?
  – Wie groß, präzise und anhaltend ist der Behandlungseffekt in den vorliegenden Studien?
— Gibt der Indikator die relevanten Verhaltensweisen von Ärzten/Praxen wieder?
— Ist die Messung des Surrogatindikators praktikabel und risikofrei?

Behandlungszufriedenheit

Neben der Bewertung des Gesundheitszustandes eines Patienten sind auch andere Formen der Effektmessung auf Patientenebene denkbar. Häufig wird die Zufriedenheit des Patienten mit der Behandlung gemessen. Sie bildet ab, inwieweit während bzw. durch die Behandlung den Bedürfnissen des Patienten entsprochen wurde, was aber nicht zwingend mit anderen Qualitätsaspekten korreliert. So bedeutet im obigen Beispiel eine qualitativ hochwertige Rückenschmerzbehandlung u. a. den Verzicht auf unnötige Röntgendiagnostik und auf invasive Maßnahmen (z. B. Spritzen) bei unspezifischen Rückenschmerzen. Unter Umständen entspricht das aber nicht dem Wunsch des Patienten, der vielleicht nach weiterer Diagnostik verlangt. Die Zufriedenheit des Patienten kann z. B. ein sinnvolles Maß für Fragestellungen sein, die zum Ziel haben, eine Intervention zu evaluieren, bei der die würdevolle Behandlung des Patienten im Vordergrund steht [117].

Evans und Kollegen [118] haben eine systematische Übersichtsarbeit über Instrumente zur Beurteilung der ärztlichen Tätigkeit durch den Patienten veröffentlicht. Eingeschlossen wurden solche Instrumente, die von Patienten ausgefüllt werden, die Beurteilung ärztlichen Verhaltens zum Ziel haben und zum individuellen Feedback seitens des Patienten an den Arzt eingesetzt werden. Meist werden Items zu organisatorischen Abläufen in der Praxis sowie zum individuellen Verhalten des Arztes angesprochen, wobei die Abgrenzung häufig nicht eindeutig scheint. Zahlreiche methodische Ungenauigkeiten bzw. Unsicherheiten (Zeitpunkt des optimalen Einsatzes, Akzeptanz des Arztes, Patientenfeedback entgegenzunehmen, fehlende Angaben zur Konstruktvalidität) erlauben es z.Z. nicht, eine Empfehlung für ein bestimmtes Instrument auszusprechen.

Professionelle Einstellungen und Kompetenzen

Zur Beurteilung eines Lern- bzw. Implementierungseffektes seitens der Ärzte bzw. anderer Berufsgruppen können direkte Fragen (z. B. multiple Choice), Fallvignetten oder standardisierte Patienten eingesetzt werden. Während direkte Fragen eine

Prüfungssituation offensichtlich machen und oft auf Abwehr seitens der Befragten stoßen, werden *Fallvignetten* eher akzeptiert; außerdem können so komplexe Situationen und Abläufe dargestellt werden. Entsprechend der erwünschten Effekte der Intervention werden Beispielfälle formuliert und die Einschätzung des Arztes zur geschilderten Situation, weiterer Diagnostik oder therapeutischem Vorgehen offen oder geschlossen (multiple Choice) abgefragt. Der Vorteil von Vignetten ist, dass diese mit wenig Aufwand an großen Stichproben eingesetzt werden können und die abgefragten Inhalte mit dem Verhalten assoziiert sind (mit Einschränkungen). Sie können an verschiedene Situationen und Kontexte angepasst werden.

Mit der folgenden Fallvignette wollten wir in einer Befragung von Allgemeinärzten und Orthopäden [119] abschätzen, wie Rückenschmerzen aktuell behandelt werden:

Fallvignette
Stellen Sie sich vor, ein 25-jähriger Automechaniker kommt zum ersten Mal mit Rückenschmerzen in Ihre Praxis und berichtet, dass er sich heute »verhoben« und seit einer Stunde Rückenschmerzen hat. Die Schmerzen strahlen in die rechte Gesäßhälfte aus. Bei der Untersuchung bemerken Sie auf beiden Seiten eine paravertebrale Druckschmerzhaftigkeit und eine eingeschränkte Beweglichkeit der LWS. Der neurologische Befund ist unauffällig.
Im Anschluss an den Fall wurden offene Fragen (ohne Vorgabe von Antwortmöglichkeiten) zu bildgebender Diagnostik, Überweisung, Krankschreibung, medikamentöser und nicht-medikamentöser Behandlung gestellt.

Mit *standardisierten Patienten* in der Praxis lässt sich ein Maximum an Validität erreichen, da hier die ärztliche Handlungsqualität direkt erfasst wird [120]. Angeleitet in einer bestimmten Patientenrolle, werden Schauspieler zu den Studienärzten geschickt. Die Konsultation wird audio-aufgezeichnet, außerdem beurteilen die Schauspieler im Nachhinein jeweils das Verhalten der Ärzte. Natürlich werden die teilnehmenden Ärzte ausführlich über die Abläufe informiert, haben die Studie zum Zeitpunkt der Konsultation aber meist wieder vergessen (Zeitverzögerung von einigen Wochen oder Monaten) [121]. Nachteil dieser Methode ist, dass sich nur Behandlungssituationen mit bisher dem jeweiligen Arzt unbekannten Patienten simulieren lassen. Außerdem sind mit einer Krankenkasse

bzw. der Kassenärztlichen Vereinigung Absprachen über den Gebrauch einer Versichertenkarte erforderlich.

Es lassen sich auch indirekte, sogenannte Proxy-Methoden einsetzen, um professionelle Kompetenzen und Verhaltensmuster seitens der Ärzte zu messen. Verfahren wie Patientenbefragung, die Analyse der vom Arzt geführten Patientendokumentation oder die kritische Selbstreflexion seitens des behandelnden Arztes sind zwar oft einfacher und schneller durch zu führen, zeigen dafür aber eine unterschiedliche Validität für verschiedene klinische Fragestellungen [122].

11.4   Interview- und Gesprächstechnik

11.4.1   Interview: Definition

Während eines Interviews befragt der Interviewer seinen Gesprächspartner zu bestimmten Themen, um Informationen zu erhalten bzw. dessen Meinung oder Überzeugungen kennen zu lernen [123].

In Abgrenzung zu standardisierten Interviews, bei denen ein Fragebogen vorgelesen wird, behandeln wir im Folgenden offene bzw. teilstandardisierte Formen des Interviews, deren Ziel darin besteht, »dem Befragten mehr Spielraum in der Beantwortung von Fragen zu geben und seiner Sichtweise näher zu kommen, als das etwa mit dem Fragebogen möglich ist« [124, S. 216]. So gestaltete Interviews sind im Bereich der qualitativen Forschung angesiedelt. Die Verwendung eines Leitfadens gewährleistet, im Rahmen einer Studie vergleichbares Datenmaterial zu gewinnen.

Die Aufzeichnung eines Interviews ermöglicht, seine Auswertung intersubjektiv nachzuvollziehen, was dem qualitativen Interview einen hohen methodischen Standard verleiht. Häufig dienen Interviews im Rahmen qualitativer Forschungsprojekte der Vorbereitung voll standardisierter Erhebungen und der Entwicklung von Erhebungsinstrumenten.

Es werden je nach methodischem und inhaltlichem Schwerpunkt eine Vielzahl unterschiedlicher Interviewtypen, wie z. B. fokussiertes, narratives, episodisches und diskursives Interview, unterschieden [124, 125]. Auf diese unterschiedlichen Arten kann hier nicht im Einzelnen eingegangen werden. Das Ziel des folgenden Kapitels besteht vielmehr darin, allgemeine Hinweise zur Durchführung von Leitfadeninterviews im Kontext der Evaluationsforschung zu geben. Im Gegensatz zu anderen Interviewformen wird hierbei beim leitfadengestützten Interview in Abhängigkeit vom Forschungsinteresse ein Thema vorgegeben [126].

11.4.2 Standardisiert oder nicht standardisiert?

Vor der Erstellung des Interviewleitfadens ist zunächst zu entscheiden, wie stark das Interview standardisiert sein soll. Lamnek unterscheidet in diesem Zusammenhang drei Grade der Standardisierung [127].

Bei der *standardisierten Befragung* gibt es einen detailliert ausgearbeiteten Leitfaden, der alle zu stellenden Fragen in einer festgelegten Reihenfolge enthält. Ein Abweichen von dem Leitfaden ist unzulässig. Im extremen Fall werden hierbei geschlossene Fragen gestellt, bei denen unter vorgegebenen Antwortalternativen gewählt wird.

Im Gegensatz dazu ist bei der *nicht-standardisierten Befragung* weder die Formulierung der Fragen noch deren Reihenfolge festgelegt. Es ist lediglich ein Thema vorgegeben und die Aufgabe des Interviewers besteht darin, den Redefluss durch Nachfragen aufrecht zu halten.

Zwischen diesen beiden Extremen liegt die *halb- oder teilstandardisierte Befragung*, bei der dem Forscher im Gegensatz zur standardisierten Befragung Freiheiten bei der Formulierung der Fragen und deren Reihenfolge gelassen werden. Dabei ist jedoch die Thematik der Befragung festgelegt und im Interviewleitfaden nach verschiedenen Bereichen gegliedert.

Die Vorteile einer stärkeren Standardisierung bestehen in einer kürzeren Dauer und besseren Vergleichbarkeit der Antworten. Dagegen bieten weniger stark standardisierte Interviews größere Möglichkeiten, in die Breite und Tiefe zu fragen. Diesen Vorteil beschreibt Lamnek so: »Wir erfahren (…) nicht nur insgesamt mehr, sondern auch mehr Details, eben alles, was für den Befragten von Bedeutung ist…« [127, S. 55]. Weniger standardisierte Formen der Befragung sind besser geeignet,

wenn über ein Thema noch wenig bekannt ist, also ein exploratives Vorgehen angebracht ist.

11.4.3 Auswahl der zu Befragenden

In der Regel wird für die Stichprobe eine repräsentative Miniaturversion der interessierenden Grundgesamtheit angestrebt. Dazu können Stichproben von interessierenden Personen zufällig ausgewählt werden. Nähere Informationen hierzu finden sich bei Frey und Mertens Oishi [128].

Allerdings ist zu beachten, dass bei vielen Interviews die Frage der Repräsentativität eine untergeordnete Rolle spielt, da es vielmehr darum geht, typische Fälle auszuwählen und die Breite relevanter Vorstellungen und Erfahrungen abzubilden [127]. In diesem Fall sollten die Personen entsprechend dieses Ziels ausgesucht werden. Wie das im Einzelfall zu gewährleisten ist, hängt von der jeweiligen Fragestellung ab. Wenn man sich beispielsweise für die Meinung von Hausärzten zu Verhütungsmitteln interessiert, kann es sinnvoll sein, gezielt Hausärzte unterschiedlicher Altersstufen zu untersuchen, da sich deren Einstellungen zum interessierenden Thema unterscheiden könnten.

11.4.4 Kontaktaufnahme und Einführung

Wichtig ist, dass die vereinbarte Zeit und der festgelegte Ort dem Befragten entgegen kommen. Herrmanns weist in diesem Zusammenhang darauf hin, dass Anfänger häufig keine konkreten Angaben bezüglich der Dauer des Interviews machen, um Ablehnungen zu vermeiden. Dies birgt allerdings die Gefahr, dass die Interviewpartner nicht genug Zeit für das Interview einplanen [128].

Bereits zum Zeitpunkt der ersten Kontaktaufnahme, spätestens aber kurz vor Beginn des Interviews sollten die Teilnehmer eine Einführung erhalten. Auf diese Einführung bezieht sich der erste Teil des Interview-Leitfadens. Sie ist besonders wichtig, weil sie dazu beiträgt, eine Beziehung zum Befragten aufzubauen und Vertrauen herzustellen.

Die Einführung sollte mindestens die folgenden Punkte enthalten [128]:

- Vorstellung der Person, die den Kontakt aufnimmt,
- Benennung des Geldgebers der Studie,
- Erklärung, warum die Befragung durchgeführt wird, und um welches Thema es geht,
- Benennung der Rahmenbedingungen des Interviews (vertrauliche Behandlung der erhobenen Informationen, Freiwilligkeit der Teilnahme, geschätzte Dauer des Interviews),
- Eingehen auf Fragen des potenziellen Teilnehmers.

Am Ende der Einführung wird die Zustimmung des Befragten zu Teilnahme an der Studie eingeholt. Dies geschieht in der Regel schriftlich.

11.4.5 Interviewleitfaden

Mit dem Interviewleitfaden werden zwei Ziele verfolgt. Das inhaltliche Ziel besteht darin, Informationen zu gewinnen, während gleichzeitig das formale Ziel verfolgt wird, den Fluss der Konversation aufrecht zu erhalten [128]. Um das inhaltliche Ziel zu erreichen, wird das Hintergrundwissen des Forschers im Leitfaden thematisch organisiert. Dazu muss entschieden werden, welche Fragen aufgenommen werden, wie die Fragen gestellt werden und in welcher Breite und Tiefe die Themen bearbeitet werden sollen. Außerdem ist zu entscheiden, in welcher Reihenfolge die Fragen gestellt werden. Zu beachten ist dabei, dass sich der Aufbau des Interviews auf den Fluss der Kommunikation auswirkt.

Formulierung der Fragen

Bei der Formulierung der Fragen sind folgende Punkte zu beachten [127, 128, 130]:
- Jede Frage sollte zur Erreichung des Untersuchungsziels notwendig sein.
- Der Befragte sollte die Frage mit Hilfe seines Wissens oder seiner Erfahrungen beantworten können.
- Um reichhaltige Schilderungen (»Narrativ«) zu ermöglichen, sollten keine »Ja/nein-Fragen« gestellt werden.
- Der Sprachstil sollte an die Charakteristika der Befragten, z. B. Alter und Bildungsstand angepasst werden.

- Es sollten keine stark emotionsgeladenen Wörter (z. B. »Rassist«) verwendet werden.
- Die Fragen sollten möglichst neutral formuliert werden, sodass kein bestimmtes Antwortmuster aktiviert wird.
- Jede Frage sollte sich nur auf ein Thema beziehen.

Anordnung der Fragen im Interview

Die Anordnung der Fragen im Interview hat das Ziel, den Gesprächsfluss aufrecht zu erhalten und den Einfluss der Reihenfolge der Fragen auf die Antworten zu minimieren [128]. Wichtig ist hierbei die übersichtliche Gestaltung des Leitfadens. Dazu sollten die Fragen nach Themen gruppiert werden. Sinnvoll ist es außerdem, dem Befragten einen Wechsel des Themas explizit anzukündigen.

Ergänzende Fragen zu genauerer Exploration eines interessierenden Themas können entweder bereits vorformuliert werden oder der Interviewer kann die Befugnis haben, in Abhängigkeit vom bisherigen Gesprächsverlauf ergänzende Fragen zu stellen bzw. möglicherweise schon beantwortete Fragen wegzulassen. Hierdurch soll eine Offenheit für die Sichtweise des Befragten vergrößert werden [124].

Anfang, Mitte und Ende des Interviews

Die ersten Fragen des Interviews sollten sich auf das in der Einführung genannte Thema beziehen und das Interesse des Befragten wecken. Sie sollten ohne Schwierigkeiten zu beantworten sein.

Sobald eine gute Beziehung aufgebaut worden ist, sind in der zweiten Phase des Interviews auch komplexe, schwierige und/oder persönliche Fragen möglich. Diese sollten jedoch gestellt werden, bevor Müdigkeitseffekte eintreten [128].

Am Ende des Interviews sollten Fragen platziert werden, die leicht zu beantworten sind und deshalb durch die Müdigkeit des Befragten weniger beeinflusst werden. In diese Kategorie gehören Fragen nach demographischen Variablen, wie z. B. nach dem Alter oder der Wohnsituation, die leicht zu beantworten sind, gleichzeitig aber auch einen persönlichen Charakter haben und deshalb eher beantwortet werden, wenn bereits eine gute Beziehung besteht.

Bei der Anordnung der Fragen im Interview sind darüber hinaus Reihenfolgeeffekte zu beachten. Einer davon ist der bereits beschriebene Müdigkeitseffekt. Darüber hinaus weisen Frey und Mertens Oishi auf den *Konsistenzeffekt* und den *Redundanzeffekt* hin. Der *Konsistenzeffekt* tritt auf, wenn der Befragte den Eindruck hat, die Antwort auf eine bestimmte Frage müsse konsistent mit der Antwort auf eine zuvor gestellte Frage sein. Fragt man beispielsweise zuerst nach der Zufriedenheit mit dem Beruf und dann nach der allgemeinen Lebenszufriedenheit, besteht die Gefahr, dass diese Frage vor dem Hintergrund der Arbeitszufriedenheit beantwortet wird. Um diesen Effekt zu vermeiden ist es sinnvoll, allgemeine Fragen zuerst zu stellen und erst dann zu spezifischeren Fragen überzugehen.

Der *Redundanzeffekt* entsteht, wenn der Befragte zu dem Ergebnis kommt, dass dieselbe Frage zu einem früheren Zeitpunkt schon einmal gestellt wurde und deshalb nicht mehr motiviert ist, die Frage noch einmal zu beantworten. Um diesen Effekt zu vermeiden, sollten die Unterschiede zwischen ähnlichen Fragen deutlich benannt werden.

Frey und Mertens Oishi empfehlen, dass ein Interview nicht länger als 20–40 Minuten dauern sollte. Allerdings hängt es stark vom Thema und vom Mitteilungsbedürfnis des Befragten ab, wie viel Zeit tatsächlich benötigt wird, um den interessierenden Gegenstand zu erörtern.

11.4.6 Prätest

Der letzte Schritt bei der Planung eines Interviews besteht darin, das Vorgehen in der Praxis zu testen. Hierbei ist besonders darauf zu achten, dass ein flüssiges Gespräch entsteht und die Fragen verständlich sind [128]. Zu empfehlen ist, das Interview an Mitgliedern der interessierenden Stichprobe zu testen. So sollte man sich beispielsweise bei der Befragung von Patienten bewusst sein, dass diese Zielgruppe auch Personen mit einem geringen Bildungsniveau und körperlichen Beschwerden einschließt, und dass das Interview auch mit diesen Personengruppen problemlos durchführbar sein sollte.

11.4.7 Interviewsituation

Face-To-Face oder Telefoninterviews?

Durch das Führen von Interviews am Telefon lassen sich Zeit und Kosten sparen. Telefoninterviews bieten sich vor allem bei großen räumlichen Entfernungen zwischen den Interviewpartnern an. Allerdings können persönliche Interviews unter Umständen die beste Art sein, eine hohe Qualität der Daten zu gewährleisten. Dies trifft besonders dann zu, wenn das Thema des Interviews sehr tabubesetzt ist, die Fragen kompliziert sind oder davon auszugehen ist, dass das Interview lange dauern wird. Darüber hinaus haben persönliche Interviews den Vorteil, dass auf visuelle Hilfen zurückgegriffen werden kann und Verhaltensbeobachtungen möglich sind.

> Beide Formen des Interviews sollten in einer Studie möglichst nicht kombiniert werden, da die Ergebnisse durch die beiden Methoden unterschiedlich gefärbt sein können.

Rahmenbedingungen

Face-To-Face Interviews sollten in einer Umgebung stattfinden, die dem Befragten vertraut ist. Bei der eigenen Zeitplanung ist zu berücksichtigen, dass ein Interview bei verschiedenen Probanden von sehr unterschiedlicher Dauer sein kann (z. B. auf Grund des Alter oder Verständigungsschwierigkeiten).

Die Aufzeichnung des Interviews

Die direkte (Audio-, Video-) Aufzeichnung des Interviews ist in den letzten Jahren zum Standard geworden. Sie wird der Menge der im Interview erhobenen Information eher gerecht als das Anfertigen eines Protokolls [130]. Aus diesem Grund sollte mindestens ein Tonband besser noch ein Videoband zur Aufzeichnung des Interviews verwendet werden, wobei das Video den Vorteil hat, dass auch Mimik, Gestik und Motorik mit ausgewertet werden können. Allerdings ist kritisch zu überlegen, ob diese visuellen Informationen tatsächlich so weit von Interesse sind, dass sie systematisch ausgewertet werden sollten.

Der Vorteil aufgezeichneter Informationen besteht weiterhin darin, dass diese unverzerrt vorliegen, und damit die Auswertung nachvollziehbar und reproduzierbar ist.

Allerdings besteht die Gefahr, dass die Befragten sich durch die Aufzeichnungsgeräte gehemmt fühlen und eher sozial erwünschte Antworten geben. Es gehört deshalb zu den Aufgaben des Interviewers, die Atmosphäre zu entspannen und den Befragten die Angst vor dem Gerät zu nehmen [127]. Wichtig ist, dass in jedem Fall die Zustimmung des Befragten zur Aufzeichnung eingeholt wird. Weiterhin sollte ihm erklärt werden, dass es auf seine persönliche Meinung ankommt und es keine »richtigen« oder »falschen« Antworten gibt.

Um Hemmungen zu reduzieren, kann es sinnvoll sein, dem Gesprächspartner vor Beginn des Interviews das Aufnahmegerät zu zeigen und dessen Funktionen zu erklären. Prinzipiell ist die Aufzeichnung unproblematischer, wenn die Geräte klein und unauffällig sind und dadurch schneller »in Vergessenheit geraten«.

Techniken der Gesprächsführung

Zu Beginn des Interviews sollte dem Befragten deutlich gemacht werden, dass er der Experte auf dem jeweiligen Gebiet ist und der Forscher auf sein Expertenwissen angewiesen ist. Gleichzeitig sollte zur Förderung ehrlicher Antworten ein Rahmen geschaffen werden, in dem auch sehr persönliche Äußerungen keine Sanktionen nach sich ziehen (einschließlich non-verbaler Reaktionen des Interviewers!). Dies kann schwierig sein, wenn Interviewer und Befragte sich aus einem andern Kontext kennen und vielleicht sogar eine hierarchische oder Abhängigkeitsbeziehung zwischen ihnen besteht.

Während des Interviews sollte eine entspannte Atmosphäre herrschen, in der sich die Beteiligten wohl fühlen. Hierbei kann ein kurzes Gespräch über alltägliche Dinge wie das Wetter oder die Kinder das Eis brechen [131]. Der Interviewer sollte sich während des Interviews neutral verhalten und im Sinne eines aktiven Zuhörers zeigen, dass er die Antworten des anderen verstanden und Interesse an seinen Ausführungen hat. Gleichzeitig soll er die Antworten nicht beeinflussen. Aus diesem Grund ist es wichtig, dass er die erhaltenen Antworten unter keinen Umständen bewertet. Weder sollen eigene Meinungen oder Erfahrungen ins Interview eingebracht werden, noch sollen Antworten nahe gelegt oder vorgeschlagen werden. Maccoby und Maccoby beschreiben diese Haltung des Interviewers folgendermaßen: »Er lacht über die Witze des Befragten, er macht Ausrufe, wenn der Befragte etwas sagt, das offensichtlich Erstaunen erregen soll (»Wirklich?«, »Was Sie nicht sagen!«), macht unterstützende Bemerkungen wie etwa: »Ich sehe, was Sie meinen«, »Das kann man verstehen«, »Das ist sehr interessant« und verwendet auch andere Ausdrucksweisen, die in der betreffenden Lage normal sein würden. Er vermeidet jedoch bewusst eine direkte Zustimmung oder Ablehnung der Einstellung des Befragten – kurz: er argumentiert niemals mit dem Befragten und sagt auch nicht: »Ich denke genau so« [123, S. 63].

In jedem Fall ist es wichtig, dass der Interviewer mit dem Leitfaden so vertraut ist, dass er die Fragen wie in einer normalen Unterhaltung stellen kann und nicht abzulesen braucht [131]. Dennoch sollte er sich genau an die im Leitfaden gegebenen Instruktionen halten, die bei standardisierten Interviews strikte Angaben zur Reihenfolge der Fragen, deren Formulierung und dem Nachfragen an bestimmten Stellen enthalten können.

Bei weniger stark standardisierten Interviews wäre es im Gegensatz dazu ein Fehler, sich zu strikt an die vorgegebenen Formulierungen zu halten [132]. Hier gehört es zu den Aufgaben des Interviewers, sich sprachlich dem Befragten anzupassen und dennoch die Bedeutungsäquivalenz der Fragen in verschiedenen Interviews herzustellen. Außerdem muss er entscheiden, wann und in welcher Reihenfolge er die Fragen in Abhängigkeit vom jeweiligen Gesprächsverlauf stellt und Unklarheiten und Widersprüche durch Nachfragen aufklärt. Dabei muss er vor dem Hintergrund des Ziels der Befragung entscheiden, wann eine Frage ausreichend beantwortet ist.

Darüber hinaus kann es bei face-to-face-Interviews eine große Rolle spielen, die Körpersprache des Befragten zu beobachten, da diese Hinweise darauf geben kann, ob er sich wohl fühlt und ob er zu einem bestimmten Thema noch mehr zu sagen hat [130].

Frey und Mertens Oishi [128] schildern verschiedene Techniken, die der Interviewer anwenden kann, um zusätzliche Informationen zu erhalten, wenn die Antwort unklar oder nicht komplett ist. So kann er beispielsweise durch Kommentare wie »ach so« und »ich verstehe« Interesse zeigen. Er kann schweigen, um zu signalisieren, dass er mehr hören möchte. Wenn er die Frage nicht verstanden hat oder der Befragte vom Thema abgekommen ist, kann er die Frage wiederholen. Um mehr Informationen zu erhalten, können neutrale Fragen, wie z. B. »Was meinen Sie genau?« und »Können Sie das etwas genauer erklären?« gestellt werden. Darüber hinaus kann der Interviewer das bisher Gesagte zusammenfassen und nachfragen, ob er das so richtig verstanden hat. Dadurch bleibt das Gespräch im Fluss und Fehlinterpretationen werden verhindert.

Umgang mit schwierigen Gesprächssituationen

Im Folgenden soll der Umgang mit schwierigen Situationen, die während des Interviews entstehen können, erläutert werden [123, 129, 130].

- **Der Befragte schweigt**

Schweigen des Befragten kann mehrere Gründe haben. Es kann daraus resultieren, dass er seine Gedanken noch ordnen muss. In diesem Fall ist es wichtig, ihm ausreichend Zeit zum Nachdenken zu geben. Allerdings kann der Grund des Schweigens auch sein, dass die Frage nicht richtig verstanden wurde. Der Interviewer sollte deshalb nachfragen, ob er die Frage noch einmal erklären soll. Mögliche Strategien könnten dabei sein, die Frage einfacher zu formulieren, sich über ein anderes Thema neu an die Frage heran zu tasten oder an persönliche Erfahrungen des Befragten anzuknüpfen.

- **Der Befragte fragt den Interviewer nach seiner persönlichen Meinung zum Thema**

Auf solche Fragen kann der Interviewer reagieren, indem er darauf verweist, dass es in dem Gespräch um die Meinung des Befragten geht. Um dann wieder zum Thema zurück zu kommen, kann er seine Frage noch einmal wiederholen. Sollte der Befragte dann trotzdem weiter nachfragen, kann er anbieten, seine persönliche Meinung nach Abschluss des Interviews darzulegen.

- **Der Befragte ist sehr unruhig**

Wenn der Interviewer bei seinem Gesprächspartner starke Unruhe bemerkt, sollte er zunächst nach den Ursachen dieser Unruhe fragen. Wenn dem Befragten die Fragen zu persönlich sind oder ihn zu stark anstrengen, kann es sinnvoll sein, nicht weiter in dieselbe Richtung zu fragen, obwohl die gewünschte Information noch nicht gegeben wurde. Es ist zu bedenken, dass das Ausüben von Druck die Beziehung verschlechtern kann, was den weiteren Verlauf des Interviews wahrscheinlich negativ beeinflusst. Zu beachten ist allerdings, dass es viele andere, von der Thematik des Gesprächs unabhängige, Gründe für Unruhe gibt.

- **Der Befragte hat eine zu stellende Frage im Verlauf des Interviews schon beantwortet**

In diesem Fall ist es sinnvoll, die Frage an der entsprechenden Stelle noch einmal zu stellen und zu fragen, ob der Befragte noch etwas ergänzen möchte. Hierdurch macht der Interviewer deutlich, dass er zugehört hat und ermöglicht dem Befragten, etwas hinzuzufügen.

- **Der Befragte schweift vom Thema ab und berichtet sehr ausführlich von für das Thema irrelevanten Dingen**

In jedem Fall ist zu beachten, dass Abschweifungen qualitativ ergiebig sein können. Sollte dies jedoch nicht der Fall sein, kann der Interviewer versuchen, den Befragten zum interessierenden Gegenstand zurückführen, indem er dessen Aussagen auf das jeweilige Thema bezieht.

Wenn der Befragte auf sanfte Hinweise nicht reagiert, sollte zunächst das, was er berichtet, gewürdigt werden. Im Anschluss sollte dann versucht werden, auf das eigentliche Thema zurück zu kommen. Ein günstiger Zeitpunkt hierfür kann eine Redepause sein. In extremen Fällen kann es sinnvoll sein, das Problem direkt anzusprechen und sich die Erlaubnis zu holen, den Gesprächspartner auch im Folgenden immer wieder auf das Thema zurück zu lenken.

Ende des Interviews und Nachbesprechung

Das Ende des Interviews kann durch das Zusammenfassen wichtiger Punkte der Diskussion angedeutet werden, wobei der Interviewpartner aufgefordert wird, Korrekturen vorzunehmen oder das Gesagte zu ergänzen.

Nach dem Interview sollte der Interviewer dem Befragten für seine Mitarbeit danken und betonen, dass seine Teilnahme eine große Bedeutung für das Gelingen der jeweiligen Studie hatte. In der Nachbesprechung können Fragen geklärt werden; außerdem besteht die Möglichkeit, auf emotionale Belastungen einzugehen, die durch das Interview ausgelöst wurden. Frey und Mertens Oishi [128] führen in diesem Zusammenhang das Beispiel an, dass Eltern, die zu Drogen befragt werden, sich Sorgen über die Gesundheitsrisiken für ihre Kinder machen könnten und deshalb nach dem Interview selbst noch Fragen zum Thema stellen möchten.

Darüber hinaus ist es sinnvoll, den Befragten die Telefonnummer einer Kontaktperson (z. B. des Interviewers) zu geben, unter der er sich bei Fragen oder nachträglichen Ideen zum Thema melden kann. Hierdurch wird die Seriosität der Studie unterstrichen.

Nach der Verabschiedung fertigt der Interviewer ein Postskriptum an, in dem er wichtige Aspekte des Interviews und der Nachbesprechung festhält, wie z. B. Ort, Zeit und Dauer des Gesprächs, die Stimmung des Befragten (nervös? ruhig? konzentriert?) sowie die Umgebung des Interviews (Ortsbeschreibung, Störungen?).

11.4.8 Fokusgruppen

Unter bestimmten Umständen kann es nützlich sein, nicht nur einzelne Personen zu befragen, sondern Informationen aus der Diskussion mehrerer Personen zu erhalten. Dies ist besonders dann sinnvoll, wenn es Meinungsunterschiede zwischen Gruppen oder Personen gibt und eine offene Diskussion ergiebigere Daten verspricht [130]. Gleichzeitig kann der Einsatz von Fokusgruppen besonders dann effektiv sein, wenn es darum geht, Ideen zu sammeln, wie man mit bestimmten Problemen umgehen könnte. Theoretischer Hintergrund der Fokusgruppen ist die Idee, dass Kommunikationsprozesse im Alltag Gruppenmeinungen ausbilden, die das Verhalten und die Einstellung der einzelnen Gruppenmitglieder prägen [133]. Der interaktive Gruppenprozess wiederum kann den Beteiligten selbst helfen, ihre Meinung zu reflektieren und zu verdeutlichen.

Fokusgruppen sollten aus 6–12 Personen bestehen. Die Gruppen können homogen sein (z. B. eine Berufsgruppe), aber auch diskrepante Perspektiven umfassen. Problematisch sind starke hierarchische Unterschiede in der Gruppe, z. B. Ärzte und Arzthelferinnen in einer Gruppe. In der Hierarchie Nachgeordnete sind oft zu eingeschüchtert, um offen ihre Position zu vertreten. Aber auch die Übergeordneten haben Hemmungen, ihre Zweifel, Kompetenzlücken oder Probleme zu schildern.

Üblicherweise werden Fokusgruppen speziell zum Zweck der Datenerhebung einberufen, meist nur für einen Termin. Greift man auf bestehende Gruppen zurück (z. B. Qualitätszirkel, Praxisteams) ist die Dynamik eine völlig andere. Während im ersten Fall der Moderator eine dominante Position hat und alle von ihm erwarten, Takt und Thema vorzugeben, klinkt er sich im letzten Fall als Außenstehender in eine bestehende Gruppe mit fester Struktur und inhaltlicher Geschichte ein.

Vorzugsweise sollten für eine Fragestellung mehrere Fokusgruppen einberufen werden, damit man nicht den Zufälligkeiten einer Gruppe ausgeliefert ist. Ein prinzipieller Nachteil besteht darin, dass die Zusammensetzung einer Gruppe und die daraus resultierende Gruppendynamik das Ergebnis stark determiniert (u. U. dominierende Einzelpersonen, persönliche Animositäten). Außerdem hat der Diskussionsleiter nur begrenzt die Möglichkeit zu systematischen Rückfragen.

Zur inhaltlichen Vorbereitung (Leitfaden) gilt sinngemäß das zum Einzelinterview oben gesagte. Allerdings muss der Moderator mit stärkeren Abweichungen vom Plan rechnen, da Fokusgruppen eine eigene Dynamik entwickeln. Umso wichtiger ist ein inhaltlicher Plan, um ggf. noch nicht behandelte, aber vom Thema her interessierende Punkte anzusprechen.

Fokusgruppen stellen hohe Anforderungen an den Moderator. Es kann sinnvoll sein, zwei Moderatoren einzusetzen. In diesem Fall sollte ein Moderator ein »Inhaltsexperte« sein, der den Teilnehmern als ein Angehöriger ihrer Gruppe gegenüber treten kann (»gestandener Praktiker«). Der andere sollte Erfahrungen als Moderator einbringen, also ein Experte in der Steuerung von Gruppenprozessen sein. Bei emotional aufwühlenden oder sehr konfliktträchtigen Themen sollten Fokusgruppen nur zurückhaltend eingesetzt werden; u. U. ist auf diese Form der Datenerhebung nach einer unergiebig verlaufenen Pilotgruppe zu verzichten.

11.5 Falldokumentation

11.5.1 Definition und Anforderungen

Der Begriff »Falldokumentation« (Case Report Form) beschreibt die durch den Prüfarzt bzw. sein Team ausgefüllten Datenerhebungsbögen, die sich auf den einzelnen Studienpatienten beziehen [134]. Die Inhalte der Falldokumentation ergeben sich aus dem Studienprotokoll. Es gilt zwei Benutzergruppen zu unterscheiden, die intensiv mit den Dokumentationsbögen arbeiten: diejenigen, welche die Dokumentation durchführen, und diejenigen, welche die mit Hilfe der Dokumentationsbögen festgehaltenen Daten in einen Rechner eingeben.

Die folgenden Ausführungen beziehen sich primär auf solche Dokumente, mit denen Behandlungsteams (Ärzte, Krankenschwestern, -pfleger, medizinische Fachangestellte) Daten der von ihnen behandelten Patienten für Studienzwecke festhalten. Während bei klinischen Studien i.e.S. Erkrankungsverlauf (Zielkriterien), Komorbidität und Sicherheitsdaten im Vordergrund stehen, ist dies in der Versorgungsforschung das Handeln eines Behandlungsteams. Damit ergeben sich zwar weitgehende Parallelen, aber auch Unterschiede zur patientenbezogenen Dokumentation.

Von den Angaben in den Falldokumentationen ist zu fordern, dass sie

- vollständig,
- inhaltlich korrekt,
- formal korrekt sind und
- zeitgerecht erfolgen.

Diese Gütekriterien beeinflussen die Qualität der Ergebnisse bzw. der Forschungsarbeit an sich. Eine mangelnde Datenqualität führt im günstigsten Fall zu nicht geplantem Mehraufwand (Nacharbeiten) und im schlimmsten Fall zu verfälschten

Ergebnissen. Diese zentrale Bedeutung der Falldokumentation sollte sich auch in einer sorgfältigen Entwicklung und Vortestung widerspiegeln [134].

In den letzten Jahrzehnten ist für Zulassungsstudien von Medikamenten ein detailliertes internationales Regelwerk entwickelt worden (International Committee on Harmonization – Good Clinical Practice [ICH-GCP]). Nur Studien, welche diesen Regeln genügen, können von Behörden bei der Zulassung von Medikamenten berücksichtigt werden. Dabei sind nicht nur Gesichtspunkte der wissenschaftlichen Validität berücksichtigt (z. B. randomisiertes kontrolliertes Studiendesign), sondern auch eine umfassende Nachprüfbarkeit von individuellen Patientendaten durch Personal des Sponsors (Monitoring) und Behörden (Audit, Inspektion). Dies schließt auch Kontrollen der Routinedokumentation von Praxen und Krankenhäusern ein.

Diese Entwicklungen haben nicht nur dazu geführt, dass Patienten in Studien besser geschützt sind, sondern insgesamt die Datenbasis für zugelassene Medikamente deutlich besser geworden ist. Allerdings ist der bürokratische Aufwand immens. Er lässt sich nur durch die Auswahl und das Training entsprechender Prüfzentren sowie eine hohe finanzielle Vergütung für den Aufwand bewältigen. Ohne Beteiligung der pharmazeutischen Industrie werden solche Studien immer seltener durchgeführt.

Eine vollständige Beachtung des ICH-GCP-Regelwerks für Studien der Versorgungsforschung ist weder möglich noch wünschenswert. Selbst wenn einige Prüfeinrichtungen bereit sind, den entsprechenden Dokumentationsaufwand zu leisten, würden andererseits so viele Einrichtungen oder Patienten von der Teilnahme abgeschreckt werden, dass die externe Validität einer Studie ernsthaft gefährdet wäre. Allerdings können einzelne im Rahmen von Medikamentenstudien etablierte Maßnahmen der Qualitätssicherung auch bei Studien der Versorgungsforschung dazu führen, dass die Schlussfolgerungen durch eine höhere Datenqualität fundiert sind.

Die im Folgenden genannten Kriterien können helfen, den Einsatz von Falldokumentationen zu optimieren.

11.5.2 Gestaltung

Die Perspektiven und Interessen derjenigen, welche die Falldokumentationen entwickeln, sind unter Umständen völlig anders als die Sicht derjenigen, die die Falldokumentation ausfüllen sollen.

Aus Sicht eines Praxis- oder Krankenhausteams (als wichtigen Zielgruppen, welche die Dokumentation durchführen), bestehen folgende Anforderungen an die Konzeption der Falldokumentationen [134]:

- Es wird ein einheitlicher Formularkopf gewählt, aus dem klar hervorgeht, um welche Studie und um welches Formular es sich handelt, wer die Studie durchführt und wer Ansprechpartner ist.
- Die Falldokumentation ist in ihrem Aufbau logisch und transparent.
- Die Erhebung (wann ist was einzutragen?) orientiert sich an typischen Arbeitsroutinen in den Praxen.
- Die Antwortkategorien sind so umfassend und eindeutig wie möglich.
- Sind verschiedene Formulare vorhanden, so sollten sie übersichtlich (ggf. unterschiedliche Papierfarben) und entsprechend dem Studienablauf geordnet sein.
- Die Zusammenführung der Formulare eines Patienten muss gesichert sein (fortlaufende gemeinsame Nummer, Datum und Initialen o.ä.)
- Bei Standardantworten (z. B. Ja – Nein) sollte immer dieselbe Reihenfolge eingehalten werden.
- Es sollte möglichst wenig Freitext verlangt werden, da dieser aufwändig zu verfassen und zu kodieren ist.
- Bei quantitativen Angaben sind Einheiten vorzugeben; Größenordnungen müssen klar erkennbar sein.
  Beispiel: Gewicht: … … …,… kg.
- Redundante Fragen müssen vermieden werden.
- Sind Erläuterungen oder Hinweise notwendig, so sollten sie sich möglichst an der betreffenden Stelle befinden.
- Vorgaben zur Vorgehensweise beim Ausfüllen oder möglichen Korrekturen müssen eindeutig sein.

- Eine gute Falldokumentation hat für die Beteiligten immer auch den Charakter einer Art Checkliste zum Ablauf der Studie.

Die ergonomische Optimierung aus Sicht der Ausfüllenden hat bei der Gestaltung der *Formulare* Vorrang. Die Reihenfolge der Felder in der *Eingabemaske* hat sich danach zu richten.

11.5.3 Verteilung und Rücklauf

Für die angesprochenen Prüfeinheiten (z. B. Praxen) sind der Ablauf und die individuelle Zuständigkeit offen zu besprechen und danach eindeutig festzulegen. Außerdem muss klar sein,

- wer welches Formular wann auszufüllen bzw. auszuhändigen (Patienten) hat;
- wo die entsprechenden Formulare zu finden sind (ein einheitlicher, ansprechend gestalteter Studienordner hat sich bewährt);
- wie ausgefüllte Formulare zu behandeln sind, was in die Studienzentrale gesandt wird (Postversand? Fax? Abholung durch Studienpersonal?) und was zur Dokumentation in der Praxis verbleibt;
- was mit fehlerhaft ausgefüllten Formularen bzw. der Dokumentation von Studienverweigerern zu geschehen hat.

11.5.4 Aufwand

Eine wichtige Größe, die über Akzeptanz und Qualität der Falldokumentation und damit das Gelingen der Studie entscheidet, ist der zeitliche Aufwand für das Ausfüllen.

In Arztpraxen sind die meisten in sich (ab)geschlossenen Arbeitshandlungen sehr kurz (z. B. Patientenaufnahme, Terminvereinbarung, einzelne Untersuchungen).[1]

Dies lässt sich meist nur durch strikte Arbeitsroutinen handhaben. Die Erhebung im Rahmen

---

1 Für Arztpraxen sind keine Zahlen bekannt. Für das Pflegepersonal in Krankenhäusern wird berichtet, dass ca 50% der Arbeitshandlungen eine Dauer von unter 3 Minuten haben.

einer Studie (»ein ganz kleines Formular, nur wenige Fragen!«) stellt hier zunächst einen Fremdkörper dar. Andererseits hat ein solches Arbeitsfeld die Eigenart, dass »kleine« Veränderungen an der Arbeitsroutine wiederum geradezu die Regel darstellen. (»Außer der Falldokumentation gibt es seit letzter Woche noch zwei neue Formulare, die auszufüllen sind.«). Entscheidend ist, zusammen mit den Betroffenen zu überlegen, wie die Datenerhebung in die Routine eingepasst werden kann. Dabei ist die Zusage der Leitung (z. B. Praxisinhaber) zwar notwendige Bedingung, sie muss aber ergänzt werden durch das direkte Gespräch z. B. mit den medizinischen Fachangestellten.

Für das Gelingen der Studie ist entscheidend, dass das Studienteam sich auf seine Forschungsfrage konzentriert. Abschweifungen von der eigentlichen Forschungsfrage bzw. zusätzliche Themen führen zu aufgeblähten Formularen oder Befragungen, die die gesamte Studie gefährden können.

Vorbildlich war das Problem in der Europäischen Überweisungsstudie gelöst. In verschiedenen Ländern wurden Gruppen von Allgemeinärzten gebeten, im Studienzeitraum jede Überweisung zu dokumentieren. Die entsprechenden Formulare hatten lediglich die Größe einer Postkarte und waren in handlichen Blöcken angeordnet, die auf jedem Behandlungsschreibtisch und sogar in der Arzttasche Platz hatten. Diese Vereinfachung ist eine entscheidende Bedingung für das Gelingen des Projekts gewesen.

11.5.5 Pilot-Testung

Pilotphasen helfen, Probleme bei der Falldokumentation zu identifizieren. Wichtige Fragen sind hier:

- Ist die Falldokumentation aus Sicht der Praxismitarbeiter nachvollziehbar und transparent?
- Orientiert sich die Falldokumentation an den Arbeitsroutinen in der Praxis?
- Ist der entstehende Aufwand aus Sicht der Praxismitarbeiter zu bewältigen?
- Sind aus Sicht der Praxismitarbeiter konkrete Situationen denkbar, in denen die zeitgerechte Durchführung nicht möglich ist? Wie ist darauf zu reagieren?
- Weisen die ausgefüllten Formulare die erforderliche Qualität auf (Vollständigkeit, Leserlichkeit, inhaltliche Korrektheit)?

Eine Änderung der Falldokumentation während der eigentlichen Studie muss vermieden werden, da sonst die wissenschaftliche Aussage verfälscht wird.

11.5.6 Qualitäts-Checks

Jedes eingehende ausgefüllte Formular (Pilot- und Hauptstudie) wird unmittelbar nach Eingang auf Vollständigkeit, Leserlichkeit und inhaltliche Korrektheit geprüft. Lücken und Unstimmigkeiten werden sofort in Rücksprache mit den Ausfüllenden geklärt. Dies dient nicht nur der Vermeidung von ärgerlichen Datenlücken, sondern signalisiert den kooperierenden Einheiten, dass der Datenqualität eine hohe Bedeutung beigemessen wird, Fehler sofort bemerkt werden und umgehend korrigiert werden müssen.

Weiterführende Literatur

1   Hulley SB, Cummings SR, Browner WS et al. Designing clinical research. Lippincott Williams & Wilkins Philadelphia 2001, chap 4, pp 37–49 (Hulley SB, Martin JN, Cummings SR. Planning the measurements: Precision and accuracy.)
2   McDowell I, Newell C. Measuring Health. A guide to rating scales and questionnaires. Oxford University Press, New York 1987
3   Terwee CB, Bot SDM, de Boer MR et al. Quality criteria were proposed for measurement properties of health status questionnaires. J Clin Epidemiol 2007; 60: 34–42
4   Hrisos S, Eccles MP, Francis JJ, Dickinson HO, Kaner EF, Beyer F et al. Are there valid proxy measures of clinical behaviour? A systematic review. Implement Sci 2009; 4: 37

Qualitative Forschung: theoretischer Überblick

Wie bereits in ▶ Abschn. 8.1 erwähnt, lassen sich im Rahmen der Versorgungsforschung bestimmte Fragen besser oder sogar nur mit qualitativen Methoden beantworten (z. B. Fragen nach Kontext einer Intervention und der Bedeutung für die beteiligten Ärzte/Patienten).

Im Folgenden sollen zentrale Ansätze qualitativer Forschung und ihr theoretischer Hintergrund [135] vorgestellt werden:

- der narrative Ansatz,
- der phänomenologische Ansatz,
- die »grounded theory«,
- der ethnographische Ansatz,
- Fallstudien.

12.1 Narrativer Ansatz

Ziel des narrativen Ansatzes ist es, Rechenschaft über ein Ereignis oder eine Handlung bzw. mehrere Ereignisse oder Handlungen, die chronologisch miteinander verbunden sind, abzulegen.

In der Regel werden hierbei ein oder zwei Individuen untersucht. Die Sammlung der Daten dient dazu, ihre Geschichte oder individuellen Erfahrungen zu erfassen und deren Bedeutung chronologisch zu ordnen.

Der narrative Ansatz wird angewendet, wenn der Forscher daran interessiert ist, im Detail Geschichten oder Lebenserfahrungen einer einzelnen Person oder einer kleinen Anzahl von Personen zu erfassen.

Vorgehen bei narrativen Studien [136]

1. Es werden Personen ausgewählt, die die interessierenden Erfahrungen berichten können. Dann verbringt der Forscher viel Zeit mit diesen Personen und erfasst ihre Geschichte durch vielseitige Informationsquellen z. B. Interviews, Tagebücher, Beobachtungen, Gespräche mit Familienmitgliedern, Fotos und Filmdokumente.
2. In dem nächsten Schritt werden Kontextinformationen gesammelt. Hierbei geht es darum, die persönliche Geschichte in einem sozialen, kulturellen und historischen Kontext zu situieren.

3. Im Anschluss werden die gefundenen Bausteine zu einer sinnvollen Geschichte zusammengesetzt. Dabei wird eine kausale Verbindung zwischen den verschiedenen Ideen geschaffen, sodass schließlich eine Geschichte mit Anfang, Mitte und Ende entsteht.
4. Nachdem diese Geschichte entstanden ist, wird sie mit den Befragten überprüft und validiert, indem mit den Befragten über die Bedeutung der Geschichte verhandelt wird. Ziel ist es letztlich, die Geschichte eines Individuums chronologisch unter Bezugnahme des persönlichen, sozialen und historischen Kontextes zu erzählen

Beim narrativen Ansatz muss der Forscher somit ausführliche Informationen über die interessierende Person sammeln und ein klares Verständnis bezüglich des Lebenskontextes entwickeln. Voraussetzung hierfür ist eine aktive Zusammenarbeit mit dem Befragten, bei der der Wissenschaftler seinen eigenen persönlichen und politischen Hintergrund reflektiert, da dieser bei dieser Art der Untersuchung einen besonders großen Einfluss darauf hat, wie er die Geschichte interpretiert und konstruiert.

12.2 Phänomenologischer Ansatz

Im Gegensatz zum narrativen Ansatz wird mit dem phänomenologischen Ansatz die subjektiv »gelebte« Erfahrung mehrerer Individuen bzgl. eines Phänomens, das im Mittelpunkt der Untersuchung steht, erhoben. Die Sammlung der Daten dient dazu, diese Erfahrung auf das Wesentliche zu reduzieren und so das untersuchte Phänomen zu beschreiben.

Vorgehen bei phänomenologischen Studien [137]

1. Es wird ein Phänomen bestimmt, das erforscht und beschrieben werden soll. Als Phänomen kommen einzelne Ereignisse wie die Konsultation beim Arzt oder länger andauernde Prozesse wie der Verlauf einer chronischen Krankheit in Frage. Anschlie

ßend wird eine Stichprobe bestimmt, die entsprechende Erfahrung gesammelt hat und über das Phänomen berichten kann.

2. In einem nächsten Schritt werden Daten gesammelt. Hierbei geht es darum, die persönlichen Erfahrungen im Zusammenhang mit dem Phänomen zu erheben. Als Erhebungstechnik werden oft offene, an der Biografie der Probanden orientierte Interviews verwendet. Die dabei gestellten Fragen drehen sich einerseits um das Phänomen, lassen aber auch viel Raum für eine freie Wiedergabe des Erlebten. Interviews werden transkribiert und dadurch für die Auswertung vorbereitet.

3. Die Auswertung besteht darin, das Erzählte in Aussagen aufzuteilen und diese nach einer festgelegten Codierung zu sortieren. Alle Aussagen werden auf das Wesentliche des erforschten Phänomens zusammengefasst.

4. Abschließend wird eine Beschreibung des Phänomens angefertigt. Die Endbeschreibung beinhaltet Aussagen darüber, *was* und *wie* etwas erlebt wurde.

Es werden zwei Typen der Phänomenologie unterschieden: die hermeneutische [138] und die transzendentale/psychologische Phänomenologie [137]. Diese Unterscheidung bezieht sich vor allem darauf, wie stark die eigenen Erfahrungen des Forschers in die Auswertung mit einbezogen werden. Bei dem hermeneutischen Ansatz [138] werden die entstandenen Texte ausgelegt und vom Forscher interpretiert, dabei fließen auch eigene Erfahrungen in die Auswertung mit ein. Bei dem transzendentalen/psychologischen Ansatz [137] geht es um die Beschreibung des Phänomens, wie dieses von den Probanden berichtet wurde. Die Interpretation durch den Forscher tritt dabei in den Hintergrund.

12.3 »Grounded Theory«

Die »grounded theory« überschreitet das Ziel der reinen Beschreibung des phänomenologischen Ansatzes. Ihr Ziel besteht in der Generierung einer Theorie, mit deren Hilfe Erlebnisse erklärt werden sollen. Das besondere dabei ist, dass diese Theorie nicht abstrakt entwickelt wird, sondern in den Daten begründet liegt.

Die »grounded theory« wurde in den 1970-er Jahren von den Soziologen Barney Glaser und Anselm Strauss [139] entwickelt. Diese kritisierten, dass viele in der Wissenschaft verwendeten Theorien auf reale Studienteilnehmer nicht zutrafen. Im Gegensatz zu einer a priori entwickelten Theorie strebt die »grounded theory« deshalb die Begründung einer Theorie in empirischen Daten an.

Die Wahl dieses Ansatzes bietet sich somit dann an, wenn es noch keine Theorie gibt, um einen bestimmten Prozess zu erklären oder eine bestehende Theorie noch unvollständig ist.

Innerhalb der »grounded theory« werden zwei Ansätze unterschieden, der systematisch analytische Ansatz von Strauss und Corbin [140] und der konstruktivistische Ansatz von Charmaz [141].

12.3.1 Systematisch analytischer Ansatz

Das Ziel dieses Ansatzes [140] besteht darin, systematisch eine Theorie zu entwickeln, die Prozesse, Handlungen oder Interaktionen bezüglich eines Themas erklärt.

Datenerhebung

Die Daten werden in der Regel per Interview erhoben. Zusätzlich kommen nach Bedarf auch die Methoden der Beobachtung und der Sichtung von Dokumenten oder audiovisuellem Material in Frage. In jedem Fall sollte ausreichend Material gesammelt werden, um ein vollständiges Modell entwickeln zu können. Hierbei kann es sich beispielsweise um 20–30 oder auch 50–60 Interviews handeln.

Bereits während der Datenerhebung wird mit der Analyse begonnen. Dabei wird abwechselnd Material gesammelt und analysiert. Wie oft der Forscher zur Sammlung weiterer Daten ins Feld geht, hängt davon ab, wie lange es dauert, eine Theorie auszuarbeiten. Der Prozess des kontinuierlichen Vergleichs von gesammelten Daten mit Kategorien, die während der Auswertung entstanden sind, wird

»constant comparative method« der Datenanalyse genannt.

Auswertung der Daten (Kodieren)

Das Material wird anschließend durch theoretisches Kodieren analysiert. »Durch Kodieren werden einer Textstelle – dem Indikator – ein oder mehrere Kodes (Begriffe, Stichwörter, Konzepte) zugeordnet« (Legewie 2004, S. 15). Hierbei geht es darum, die Oberbegriffe für die Entwicklung einer Theorie festzustellen: Solange die Bedeutung der Oberbegriffe (Kategorien) für die Theorie ungewiss ist, spricht man von »Codes«; Codes kann man als vorläufige oder kleinere Kategorien, die bestimmte Aspekte der Daten interpretativ abbilden, verstehen (Muckel, 2004)2. Es gibt drei Codier-Arten: Offenes Kodieren, Axiales Kodieren und Selektives Kodieren, die in ▶ Abschn. 13.3 näher erläutert werden.

Beim Kodieren werden dem empirischen Material Begriffe bzw. Codes zugeordnet, die zunächst nahe am Text sind und später immer abstrakter formuliert werden. Dabei werden Begriffe zu Oberbegriffen zusammengefasst und Beziehungen zwischen Begriffen und Oberbegriffen heraus gearbeitet.

Während des gesamten Prozesses werden Ideen und Eindrücke in Memos festgehalten. Die Analyse der Daten verläuft stufenweise d. h. es lassen sich verschiedene Prozeduren im Umgang mit dem Text unterscheiden (▶ Abschn. 13.3).

Das Resultat der Datensammlung und Analyse ist eine Theorie bezüglich eines spezifischen Problems. Diese hat folgende Komponenten: Beschreibung des zentralen Phänomens, der Kausalbedingungen, der Handlungsstrategien, der Bedingungen des Einsatzes dieser Strategien sowie der Konsequenzen des Einsatzes der Strategien. Die Theorie kann später empirisch an einer größeren quantitativen Studie überprüft werden, um zu testen, ob sie auf eine größere Stichprobe übertragbar ist.

Der Forscher, der den Ansatz der »grounded theory« anwendet, muss somit eine Vielzahl theoretischer Ideen generieren. Dabei muss er entscheiden, wann die Kategorien erschöpfend erhoben sind und wann die Theorie detailliert genug ist. Eine Möglichkeit, um zu bestimmen, ob eine Kategorie erschöpfend erhoben wurde, ist das »diskriminative Sampling«. Dabei werden zusätzliche Interviews mit Personen, die der Untersuchungsgruppe ähneln, geführt, um zu überprüfen, ob die Theorie auch auf diese Probanden zutrifft.

Grenzen der Methode

Eine Schwierigkeit der »grounded theory« besteht in der potentiellen Unendlichkeit des Kodierens, da keine klaren Regeln darüber bestehen, wann eine Kategorie erschöpft ist. Darüber hinaus lässt sich bei diesem Ansatz die Interpretation der Daten nicht unabhängig von deren Erhebung oder der Auswahl des Materials betrachten [135]. Der ganze Prozess sollte deshalb nicht von einer Person allein durchgeführt, sondern im Team diskutiert werden.

12.3.2 Konstruktivistischer Ansatz

Charmaz, die Begründerin dieses Ansatzes, vertritt eine sozial-konstruktivistische Perspektive, die verschiedene Realitäten, die Komplexität bestimmter Welten, Blickwinkel und Handlungen beinhaltet [141]. Hintergrund ist die Idee, dass Diagramme, Kategorienlandkarten und systematische Ansätze, wie der von Strauss und Corbin, von der eigentlichen »grounded theory« ablenken. Im Gegensatz dazu legt Charmaz Wert darauf, dass die Rolle des Forschers, der die Kategorien vor dem Hintergrund persönlicher Werte, Erfahrungen und Vorlieben formt, nicht übersehen wird.

12.4 Ethnographischer Ansatz

In der soziologischen Ethnographie geht es um die Betrachtung von Individuen, die durch bestimmte Merkmale wie Sprache, Werte, Verhalten, Einstellungen etc. zu einer Gruppe gehören (= culture-sharing groups). Durch teilnehmende Beobachtung (offen oder verdeckt) werden Eindrücke von der Gruppe gesammelt, um das Wesentliche des Verhaltens, der Sprache und der Interaktion zwischen den Gruppenmitgliedern zu entdecken.

Der ethnographische Ansatz wird angewandt, wenn es darum geht, Gruppen (= Kulturen) zu beschreiben und deren Merkmale zu explorieren [142,

143]. Es wird zwischen *realistischer* und *kritischer* Ethnographie unterschieden. Ethnographischer Realismus findet v. a. in der Kulturanthropologie Relevanz. Es geht darum, einen möglichst objektiven Bericht über die Situation, typischerweise in dritter Person geschrieben, zu erstellen. Der Forscher nimmt dabei die Rolle eines »Reporters« ein. Kritische Ethnographie ist eher wertebegründet. Ziel der Untersuchung ist, Missstände zu identifizieren und die vorgefundene Situation zu modifizieren (Unterdrückung, Ungleichheit, Benachteiligung etc.). Hier tritt der Forscher als »Anwalt« auf.

Vorgehen bei ethnographischen Studien [135]
1. Eine »culture-sharing group« für die Studie wird identifiziert und die zu untersuchenden Merkmale festlegt.
2. Durch die Gruppenanalyse im Vorfeld der Untersuchung werden Themen festlegt, z. B. Interaktionen (das Gesagte, das Tun, mögliche Konflikte, Beziehungen, Funktionen etc.).
3. Eine Entscheidung für realistische oder kritische Ethnographie, in Abhängigkeit davon, was mit den Ergebnissen bezweckt werden soll, wird getroffen.
4. Feldarbeit: alle Eindrücke aus dem Alltag der untersuchten Gruppe werden verschriftlicht oder mit Medien aufgezeichnet.
5. Als Ergebnis soll ein ganzheitliches »Kultur«-Portrait entstehen.

12.5 Fallstudien

Ziel der Fallstudie ist das Studium eines typischen Falls in einem begrenzten System [144, 145]. Diese Methode ist beliebt in der Psychologie (Freud), in der Medizin, den Rechtswissenschaften und den Politikwissenschaften. Sie bietet sich an, wenn es um ein vertieftes Verständnis eines Falls oder einen Vergleich mehrerer Fälle geht.

Vorgehen bei Fallstudien [144]
1. Bestimmung des Falls: Dies muss nicht unbedingt eine Person sein, ein Fallstudie

kann sich auch auf ein Aggregat (Team, Einrichtung usw.) beziehen.
2. Die Sammlung der Daten ist in der Regel aufwändig und greift auf vielfältige Informationsquellen zurück (Beobachtung, Interviews, Dokumente und audiovisuelles Material).
3. Die Datenanalyse kann eine ganzheitliche Analyse des gesamten Falls oder eine eingeschränkte Analyse eines spezifischen Aspekts sein. In jedem Fall handelt es sich um eine detaillierte Beschreibung des Falls.
4. Am Ende wird in der interpretativen Phase die Bedeutung des Falls berichtet.

Die Herausforderung für den Forscher liegt bei einer Fallstudie darin, einen interessanten Fall zu finden und zu definieren.

12.6 Schlussfolgerungen für die Forschung in der Allgemeinmedizin

---

Aus der Diskussion der beschriebenen 5 Ansätze lassen sich folgende Schlussfolgerungen für die Versorgungsforschung ziehen:
- Gegenstand der Untersuchung können das Verhalten von Personen oder ein institutioneller Ablauf einer Gesundheitseinrichtung sein.
- In der Regel geht es um die Sichtweise mehrerer/verschiedener Akteure.
- Der Befragte sollte die Chance haben, seine Position ausreichend darzustellen.
- Die Abfolge bei der Auswertung ist von »within case« zu »cross case«, d. h. vom Individuellen zum Übergreifenden.
- Die Forschungsergebnisse zielen auf Allgemeines/Wesentliches bzw. einen Sinnzusammenhang (von einem Phänomen hin zur Theorie, d. h. zur Formulierung einer Interpretation).
- Die Ergebnisse sollten an den Befragten rückgekoppelt werden (Validierung).
- Wichtig ist, dass der Forscher seinen eigenen Standpunkt reflektiert.

Verarbeitung und Auswertung qualitativer Daten

13.1   Organisation und Logistik

Die Auswertung qualitativer Daten ist ausgesprochen zeit- bzw. personalintensiv; sie stellt außerdem hohe Anforderungen an die Planung und Dokumentation des wissenschaftlichen Prozesses.

Neben einer sinnvollen Arbeitsteilung ist die Sicherung von Transparenz und Reliabilität zu bedenken. Dem dienen

– fortlaufende Dokumentation von Überlegungen, Hypothesen, Überprüfungen und Schlussfolgerungen,
– parallele Auswertung (Kodierung, Analyse) desselben Materials durch verschiedene Wissenschaftler,
– Erfassung der (Nicht-)Übereinstimmung dieser Bemühungen,
– Diskussion von Diskrepanzen mit dem Resultat verworfener Schlussfolgerungen oder neuer Synthesen.

In der Regel wird es so sein, dass eine Person (PI – »principal investigator«) mit dem Material besonders intensiv arbeitet und damit bestens vertraut ist; vielleicht hat sie auch die Interviews geführt und zahlreiche Beobachtungen gemacht. Es sollte in der Organisation des Projekts aber sichergestellt werden, dass die Hypothesen und Schlussfolgerungen dieser Person kritisch und unabhängig überprüft werden. Dabei sind (meist positive) Voreingenommenheiten möglichst zu vermeiden, zumindest jedoch zu berücksichtigen.

Dies lässt sich am besten durch eine völlig unabhängige Auswertung des Primärmaterials erreichen, d. h. die Auswertungsprozesse laufen für eine gewisse Zeit abgeschottet parallel (was manche fruchtbare kollegiale Diskussion zeitweilig ausschließt). Wenn verschiedene Auswerter zu unterschiedlichen Ergebnissen kommen (was häufiger ist als das Gegenteil), müssen die Schlussfolgerungen am Material (Texte) überprüft und gegebenenfalls verworfen werden. Eine Übereinstimmung bei unabhängigen Auswertungen ist natürlich ein starkes Argument für die Validität der Überlegungen.

Dieses Vorgehen ist aufwändig; manchmal kann es sinnvoll sein, Ko-Auswertern nur einen Teil des Materials (zufällige oder methodisch/inhaltlich begründete Auswahl von Fällen) zu geben. Eine wei-

tere Möglichkeit stellt die Diskussion in der Gruppe der beteiligten Wissenschaftler dar. Allerdings kann sich diese immer nur auf eine begrenzte Menge an Material stützen; die Auswahl kann durchaus von der Meinung des Hauptauswerters beeinflusst sein, auch die Gruppendynamik kann zu anderen Ergebnissen als eine getrennte Auswertung einzelner Personen führen.

13.2   Transkription

13.2.1   Definition und Anforderungen

Transkription (lat. trans-scribere = umschreiben) bedeutet das Übertragen von gesprochener, teilweise auch nonverbaler Kommunikation in Form einer Audio- oder Videoaufnahme in eine schriftliche Form. Transkription bedeutet dabei immer das schlichte Abtippen des Aufgenommenen von Hand. Eine exakte Dokumentation wird dabei nur erreicht, wenn die Übertragung der verbalen Daten in eine schriftliche Form standardisiert abläuft [146]. Um den Informationsverlust so gering als möglich zu halten, werden Transkriptionsregeln erstellt, die von allen an der Transkription Beteiligten einzuhalten sind. Welche Verluste hinnehmbar sind, orientiert sich vor allem am Ziel und Zweck der anschließenden Analyse. Transkriptionsregeln werden den jeweiligen Bedürfnissen angepasst, wobei diese Regeln nicht den allgemeingültigen Regeln nach einem bestehenden Transkriptionssystem (wie z. B. HIAT, DIDA, DT, GAT oder CHAT) entsprechen. Bei der Erstellung eines eigenen Regelwerks sollte immer berücksichtigt werden, ob und in welchem Umfang sprachliche Tönungen und Betonungen, Lautstärken, Dehnungen, Pausen und ihre Längen, Dialektfärbung, Gestik, Mimik, paraverbale Äußerungen wie Lachen und Husten, aufgezeichnet werden sollen. Deshalb sollte man zunächst verbatim anhand des jeweiligen Transkriptionsleitfadens transkribieren.

13.2.2   Transkriptionsleitfaden

Die Transkriptionsregeln, die bei der Verschriftlichung eines Interviews zum Einsatz kommen, orientieren sich stets an der Forschungsfrage. In unserem Fall stehen keine sprachwissenschaftlichen Aspekte im Vordergrund, sondern der Inhalt der Interviews soll wiedergegeben werden, um anschließend in Hinblick auf verschiedenste Kriterien untersucht werden zu können. Die Transkription soll einfach und ökonomisch sein. Aus diesem Grund haben wir für die Verschriftlichung der Interviews lernbare Transkriptionsregeln verwendet.

Jedem transkribierten Text sollte eine Textbestimmung vorangehen, welche die folgenden Angaben enthält:

- Art und Titel des Textes,
- Aufnahmedatum,
- Aufnahmeort oder Medium,
- Anwesende Personen bzw. beteiligte Personen; evtl. auch zusätzliche Angaben zu den Personen und ihren gegenseitigen Beziehungen, dem Interaktionsanlass und -kontext (hier sind die Bestimmungen des Datenschutzes zu beachten, z. B. Codenamen bei zugesicherter anonymer Datenspeicherung),
- Aufnahmedauer.

❯ **Grundsätzlich ist zu beachten:**
- **leichte Lesbarkeit des erstellten Manuskripts,**
- **möglichst geringer Aufwand bei der Transkription,**
- **und Computerverträglichkeit.**

Die Regeln zur Transkription und Kodierung zeigt ◻ Tab. 13.1.

Für die *leichte Lesbarkeit* werden die Orthographieregeln eingehalten; allein artikulatorische Besonderheiten (Umgangsprache, Dialekt, etc.) werden durch Abweichung von der üblichen Orthographie wiedergegeben. Interpunktionszeichen haben nicht die in schriftsprachlichen Texten übliche Bedeutung, sondern sind diakritische Symbole, wie Punkte, Striche, Häkchen oder kleine Kreise, die eine besondere Aussprache oder Betonung markieren.

Weiter muss beachtet werden, dass im Rahmen von Forschungsprojekten die *Transkription* häufig von verschiedenen, mit der Transkription bisher nicht so vertrauten Personen, durchgeführt wird.

Um den Aufwand, zeitlich wie technisch, nicht zu groß werden zu lassen, wird die Transkription von nonverbalen und paraverbalen Äußerungen auf wenige Ausnahmen beschränkt.

❯ **Trotzdem beträgt nach unseren Erfahrungen der Zeitaufwand noch ungefähr 6 Stunden Transkription für 1 Stunde gesprochenes Interview.**

Bei der *Computerverträglichkeit* müssen einige Besonderheiten beachtet werden, die das Computerprogramm, welches anschließend für die Codierung benutzt werden soll, mit sich bringt.

Im vorliegenden Beispiel wurden z. B. Absätze nur beim Sprecherwechsel eingefügt. Darüber hinaus wurden Zeitangaben beim Sprecherwechsel eingefügt. Diese Maßnahmen vermitteln dem Leser ein Gefühl für die Länge des Interviews bzw. einzelner Passagen. Zum anderen dienen sie aber auch ganz praktisch dem Wiederfinden einzelner Passagen im Interview.

Beispiel: Transkription eines Interviews des »Thoraxschmerzprojektes«
Gut ich hab zwar gesagt, sie sind (depressiv) Ne, fällt mir erst mal spontan nix mehr ein.
23:28 JV: Sie haben dann noch nen Patienten?
23:30 A: Genau, Jahrgang neunundvierzig. Der is son bisschen älter. Den kenne ich seit neunundneunzig, kommt aus Russland, war dort so Tierarzt, irgendwie Tiermedizin studiert und war also Tierpfleger und war dort irgendwie…

13.3 Kodieren

Durch Kodieren werden einer Textstelle – dem Indikator – ein oder mehrere Codes (Begriffe, Stichwörter, Konzepte) zugeordnet. Hierbei geht es darum, die Oberbegriffe (Kategorien) für die Entwicklung einer Theorie festzustellen: Solange die Bedeutung der gefundenen Kategorien für die Theorie ungewiss ist, spricht man von »Codes«; Codes kann man als vorläufige oder kleinere Kategorien verstehen, die bestimmte Aspekte der Daten interpretativ abbilden. Dabei unterscheidet man zwischen sogenannten
- *natürlichen Codes*, die direkt aus dem Datenmaterial entnommen werden, und
- *konstruierten Codes,* die der Forscher basierend auf seinen Forschungsfragen selbst konstruiert.

◘ Tab. 13.1   Transkriptions- und Kodierungsregeln

	Beispiele
Verwendete Schreibregeln für die Transkription von Gesprächen:	
1. Für das **Gesprochene beider Gesprächspartner**: normale Groß- und Kleinschreibung einsetzen	
2. Bei Sprecherwechsel **Name oder Funktion als Kürzel** vor die Zeile setzen	LM (für Lieschen Müller), A (für Arzt)
3. **Keine Silbentrennung** durchführen. Wörter werden nicht getrennt geschrieben	
4. Nur **Abkürzungen** verwenden, wenn sie Bestandteil der Rede sind:	KHK, BP-Tankstelle; aber: beziehungsweise, zum Beispiel
5. **Absätze** werden nur bei Sprecherwechsel eingefügt	
Kodierung nonverbaler Kommunikation	
Umgangssprache: Wörter, die in der Umgangssprache verstümmelt werden, sollen so auch transkribiert werden.	So ne Auffälligkeiten hab ich
Pausenfüller/literarische Umschrift: Laute und Lautfolgen sollen nur transkribiert werden, wenn sie inhaltlich wichtig sind.	mhm [Zustimmung]; aber nicht: mh, ähm
Zitate: Vom Gesprächspartner erzählte Zitate werden in Anführungszeichen gesetzt.	der Patient sagte: »Es tut mir so weh«
Satzzeichen: Bei allen rhythmischen und syntaktischen Einschnitten werden Satzzeichen gesetzt.	oder doch? Sie fragte, ob ich heute
Wortabbrüche: Ein nicht zu Ende gesprochenes Wort oder Wortteil wird durch zwei Bindestriche mit Leerzeichen dazwischen gekennzeichnet.	Krankheits- -
Unverständliches Wort/Wörter: Unverständlich gesprochene Wörter werden durch einen Schrägstrich ersetzt. Der vermutete Wortlaut soll in Klammern mit Fragezeichen eingefügt werden.	das kann/(aber nun wirklich?) so nicht/(sein?), auch wenn
Sprechpause: Macht einer der Gesprächspartner eine Sprechpause, in der niemand etwas sagt, werden drei Punkte gesetzt.	…
Geräuschvolle Sprecherhandlungen: Lautäußerungen vom Sprecher werden, in runden Klammern, in den jeweiligen Kontext eingefügt.	Der Patient klagte (Husten) über starke Schmerzen

13

13.3.1 Theoretisches Kodieren

Kodieren bedeutet in der »grounded theory« die Analyse von Daten durch Bildung von Konzepten (oder Kategorien) und Zuordnung der Daten (Indikatoren) zu diesen Konzepten. Es handelt sich also nicht um eine einfache Einordnung der Daten unter vorhandene Kategorien wie im Prozess des in der standardisierten Forschung üblichen Kodierens,

vielmehr werden die Kategorien oder Codes erst im Verlauf des Kodierprozesses gebildet und im Fortgang der Auswertung sukzessive erweitert und verfeinert. Dabei können einzelne Aussagen mehreren Codes zugeordnet werden.

Strauss unterscheidet hierbei drei Teilschritte, die in der Forschungspraxis nicht zu trennen sind [147]:

◻ Tab. 13.2   W-Fragen

Was?	Worum geht es hier? Welches Phänomen wird angesprochen?
Wer?	Welche Personen/Akteure sind beteiligt? Welche Rollen spielen sie?
Wie?	Welche Aspekte des Phänomens werden angesprochen?
Wann?	Wie lange? Wo? Wie viel? Wie stark?
Warum?	Welche Begründungen werden gegeben oder lassen sich erschließen?
Wozu?	In welcher Absicht? Zu welchem Zweck?
Womit?	Welche Mittel, Taktiken, Strategien werden zum Erreichen des Ziels verwendet?

— das **offene Kodieren** (kleine Einzelheiten des Datenmaterials, natürliche und soziologisch konstruierte Codes),

— das **axiale Kodieren** (Schlüssel- bzw. Achsenkategorien, Oberbegriffe) und

— das **selektive Kodieren** (theoretisierende Aufarbeitung, Schlüsselkategorie als Richtschnur).

Beim **offenen Kodieren** werden Textstellen als Indikatoren für zugrundeliegende Phänomene aufgefasst. Dies betrifft zunächst die Gewinnung von Kategorien, wobei die Daten zunächst in möglichst viele sinnvolle Kategorien zerlegt werden. Das Kodieren sollte »Zeile für Zeile« oder gar Begriff für Begriff erfolgen, um die vorhandene Information auszuschöpfen. Dabei sind auch Mehrfachkodierungen erlaubt. Neben der Kodierung erweisen sich sogenannte Memos als hilfreich. Sie dienen der Klärung von Zusammenhängen zwischen mehreren Kodes und umfassen alle Notizen, Kommentare und Anmerkungen zum Datenmaterial.

Das Vorgehen beim *offenen Kodieren* orientiert sich am Stellen von »*W-Fragen*« [148] an das zu kodierende Textsegment (◻ Tab. 13.2).

Leitlinien zur Beachtung beim offenen Kodieren

— Auf welche Kategorie verweist ein Textsegment?
— Was geschieht in den Daten?
— Häufige und detaillierte Analyse der Daten (Sättigung).
— Unterbrechungen, um Theorie-Memos zu verfassen.

— Vorsicht vor »schnellen« Etikettierungen von bereits bekannten und verführerischen Variablen wie z. B. Alter, Geschlecht!

Das *axiale Kodieren* dient der Verfeinerung und Differenzierung schon vorhandener Konzepte und verleiht ihnen den Status von Schlüsselkategorien (Achsenkategorien, Oberbegriffen). Eine Kategorie wird in den Mittelpunkt gestellt, um ein Beziehungsnetz auszuarbeiten. Für die Bildung einer Kategorie ist vor allem die Beziehung zwischen der Schlüsselkategorie und den damit in Beziehung stehenden Konzepten von zentraler Bedeutung. Der Schritt des axialen Kodierens lässt sich gut mit dem Verfahren des Concept Mapping vergleichen, dass auf die Ausarbeitung von zentralen Kernkategorien und Unterkategorien abzielt und seinen Fokus besonders auf die Erstellung eines durchgängigen Beziehungsnetzes zwischen den Kategorien richtet.

Beim axialen Kodieren »werden Kategorien auf Verbindungen und Unterschiede hin untersucht« (vgl. Ellinger, 2004). Im Prozess des axialen Kodierens werden folgende Beziehungen und Bedingungen analysiert:

— Zeitliche und räumliche Beziehungen
— Ursache-Wirkungs-Beziehungen
— Mittel-Zweck-Beziehungen
— Kontext und intervenierende Bedingungen

Ziel des *selektiven Kodierens* ist die Integration der Ergebnisse zu einer Theorie. Es empfiehlt sich, folgendermaßen vorzugehen:

- **Theoretisches Sortieren im engeren Sinn**
Dabei werden Codelisten, Memos und Diagramme nach Gewichtung sortiert. Fragestellung: Welche erarbeiteten Kategorien sind für die Theorie am fruchtbarsten?

- **Ermittlung der zentralen Kernkategorie**
Das zentrale Phänomen und die entsprechende Kernkategorie werden erfasst. Wichtig: Das Phänomen kann, muss aber nicht schon vorher in der Fragestellung der Untersuchung enthalten sein. Es erfolgt die Untersuchung der Schlüsselkategorien auf vielfältige Relationen und Erklärungswerte (»Anwärter auf Kernkategorie«) mit dem Ziel der Identifikation des zentralen Phänomens.

- **Systematische Ausarbeitung der Theorie**
Um die Kernkategorie werden andere relevante Kategorien systematisch in Beziehung gesetzt. »The core category must be the sun, standing in orderly systematic relationships to its planets« [140].

13.3.2 Thematisches Kodieren

Flick entwickelte für vergleichende Studien das Konzept des *thematischen Kodierens* [148–150]. Hier werden ausgehend von einer Fragestellung vorab festgelegte Themen/Hypothesen vergleichend untersucht.

Das Vorgehen orientiert sich an einer vertiefenden Analyse einzelner Fälle, bei der zunächst ein Kategoriensystem für den einzelnen Fall entwickelt wird. In der weiteren Ausarbeitung des Kategoriensystems wird, analog zum theoretischen Kodieren, zunächst offen, dann selektiv kodiert. Selektive Kodierung bezieht sich auf die Generierung von Kategorien und thematischen Bereiche für den einzelnen Fall. In einem nächsten Schritt werden die einzelnen Fälle abgeglichen, woraus eine thematische Struktur resultiert, die für die Analyse weiterer Fälle zu Grunde gelegt wird. Die Struktur wird also aus den ersten Fällen entwickelt und an allen weiteren Fällen überprüft und weiter modifiziert und dient dem Fall- und Gruppenvergleich.

Im Gegensatz zum Vorgehen der »grounded theory« werden im ersten Schritt fallbezogene Analysen und erst im zweiten Schritt fallübergreifende Gruppenvergleiche durchgeführt [149].

Im Folgenden ist die Interpretation qualitativer Daten mit Hilfe des thematischen Kodierens nach Flick dargestellt [148] und entspricht der Vorgehensweise bei der qualitativen Inhaltsanalyse [151]. Das thematische Kodieren ist begrenzt auf Studien mit vorab festgelegten Vergleichsgruppen. Es folgt dem Prinzip der Fallanalyse und stellt ein sehr aufwändiges Verfahren dar.

- **Entwicklung einer thematischen Struktur für die Fallanalyse**
Das Vorgehen erfolgt in 3 Schritten:
1. Einzelfallanalyse und Erstellung von Kurzbeschreibungen jedes Falles:
»Eine solche Einzelfallanalyse enthält eine für das Interview typische Aussage, eine knappe Darstellung der Person in Hinblick auf die Fragestellung und die zentralen Themen, die sie im Interview hinsichtlich des Untersuchungsgegenstandes angesprochen hat« [148].
2. Fein- oder Tiefenanalyse der einzelnen Fälle:
   - Spezifische, fallbezogene Darstellung der Auseinandersetzung mit dem Gegenstand der Untersuchung
   - Suche nach Sinnzusammenhängen zwischen einzelnen Äußerungen
   - Entwicklung eines Kategoriensystems für jeden einzelnen Fall, das auf die nachfolgenden Interviews angewendet und bei Bedarf entsprechend modifiziert wird
   - Detaillierte Interpretation einzelner Textpassagen anhand der »W-Fragen« (◘ Tab. 13.2; [148]):
3. Fall- und Gruppenvergleich:
Ziel ist das Herausarbeiten von Gemeinsamkeiten und Unterschieden zwischen Fällen und Untersuchungsgruppen bzw. zwischen einzelnen Befragten. Die abschließenden Verallgemeinerungen basieren auf diesen Fall- und Gruppenvergleichen. In diesem letzten Schritt können Typen entwickelt werden, unter die sich die einzelnen Fälle subsumieren lassen.

Die Konstruktion von Typen erfolgt durch die Zusammenfassung von Einzelfällen anhand bestimmter Merkmale.

13

■ Forderungen

Die einzelnen Fälle, die in den Typen repräsentiert werden, sollen sich innerhalb eines Typus möglichst wenig (interne Homogenität), zwischen einzelnen Typen aber möglichst stark unterscheiden (externe Heterogenität). Die einzelnen Typen können durch »typische« Zitate (Explikationsmaterial) repräsentiert werden.

Computergestützte Kodierung

Computerunterstützte Analyse qualitativer Daten ist ein Oberbegriff für verschiedene Methoden und Techniken zur Auswertung qualitativer Daten, die mit Hilfe von speziell dafür konzipierten Computerprogrammen (QDA-Software) umgesetzt werden. Dabei handelt es sich sowohl um informationswissenschaftliche Techniken (»code-and-retrieve«) als auch um sozialwissenschaftliche Methoden, die von der »grounded theory« über die qualitative Inhaltsanalyse und Diskursanalyse bis zur Typenbildung reichen [10]. Mittlerweile gibt es verschiedene Computerprogramme zur Auswertung qualitativer Daten. Weltweit wurde qualitative Software entwickelt, wie z. B. Aquad, Atlas. ti, Hyper Research, The Ethnograph, MAXQDA/winmax, NVivo/Nudist und andere Programme, die nach und nach in die Praxis qualitativer Forschung Eingang fanden. Diese unterstützen nur die Organisation der Daten. Nützlich sind solche Programme für die Markierung von Textbestandteilen und die Kennzeichnung mit einer Kodierung, das Zusammenstellen aller Zitate pro Kodierung, das Zurückverfolgen ausgewählter Zitate in ihren Kontext und das Suchen von zentralen Begriffen in den Interviewtexten.

13.4   Auswerten

13.4.1   Einleitung

Die Auswertung eines qualitativen Textmaterials ist ein iterativer, sich in Schleifen vollziehender Prozess: schon das Interview setzt beim Fragenden inhaltliche Überlegungen in Gang, die zu entsprechend modifizierten Nachfragen und damit zu anderen Daten führen. Beim Kodieren (▶ Abschn. 13.3) spielen nicht nur die Vorüberlegungen zum Thema eine

Rolle, sondern auch die Auseinandersetzung mit dem Text. Während des Kodierens ergibt sich, dass einzelne Kategorien nicht angemessen sind, andere neu eingeführt werden, sodass die Instrumente der wissenschaftlichen Auswertung sich parallel zum Material weiter entwickeln. Dies steht durchaus im Gegensatz zur quantitativen Forschung, bei der nach der Formulierung von Forschungsfrage und Studiendesign – zumindest für konfirmatorische Auswertungen – kein Spielraum für Kreativität mehr besteht.

Der Prozess der Textauswertung sollte in *Memos* festgehalten werden – nicht nur, um diese Ideen nicht zu vergessen, sondern auch um sie explizit vor Augen zu haben, in der weiteren Analyse an den Daten zu prüfen und den Prozess transparent machen zu können.

Für die qualitative Auswertung von Texten, der eigentlichen geistigen Arbeit in diesem Teil des Projekts, gibt es inzwischen Dutzende von Schulen und Methoden – eine Auswahl haben wir in ▶ Kap. 12 diskutiert. Diese unterscheiden sich in Bezug auf ihren philosophischen Hintergrund, die disziplinäre Zuordnung, die Transparenz und Verständlichkeit und damit die Höhe der Zugangsschwelle. Es geht uns hier um eine pragmatische Einführung, die Antworten auf klare Forschungsfragen ermöglichen soll, ohne unrealistische Anforderungen an Zeit und Kompetenz zu stellen. Es muss nicht betont werden, dass langjährige Experten auf dem Gebiet der qualitativen Datenauswertung natürlich mehr aus einem Material herausholen; man sollte deshalb jede Gelegenheiten nutzen, mit entsprechend erfahrenen Wissenschaftlern zusammen zu arbeiten bzw. sich supervidieren zu lassen.

In diesem Leitfaden werden nach ersten allgemeinen Überlegungen zwei in der Versorgungsforschung häufig eingesetzte Auswertungsverfahren dargelegt: die Matrixmethode von Miles und Hubermann sowie die qualitative Inhaltsanalyse nach Mayring.

13.4.2   Erste Systematisierungen

Spektrum von Forschungsfragen

Sandelowski und Barroso haben ein sehr nützliches Schema zur Einordnung von Ergebnissen (»fin-

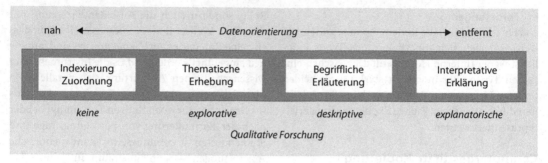

□ Abb. 13.1   Spektrum qualitativer Forschung

dings«) qualitativer Studien aufgestellt (□ Abb. 13.1) [152]. Dieses Spektrum ist allerdings schon bei der Formulierung der Forschungsfrage und der Erstellung des Studiendesigns zu bedenken, da sich hier Konsequenzen für den gesamten Projektablauf ergeben.

Auf der linken Seite des Spektrums finden wir *Indexierung und Zuordnung* (engl. »topical survey«). Hier werden lediglich Themen und Stichworte genannt oder gezählt, ähnlich einem Inhaltsverzeichnis. Die Datenerhebung (Interview) ist relativ hoch strukturiert; das Vorgehen bei der Auswertung entspricht einer quantitativen Studie. Sandelowski und Barroso rechnen diese Auswertung noch nicht zum Bereich der qualitativen Auswertung.

Qualitative Forschung, allerdings auf dem niedrigsten Abstraktionsniveau, finden wir erst bei der *thematischen Erhebung* (engl. »thematic survey«). Hier werden bei der Auswertung die Daten transformiert, um zu Grunde liegende Strukturen (»patterns«) oder Wiederholungen zu identifizieren. Ein Beispiel für eine solche Auswertung wären die Gründe, warum in Fokusgruppen befragte Ärzte arriba© einsetzen. Diese lassen sich unterteilen in übergeordnete Gesichtspunkte (Rechtfertigungen, allgemeine Sinnhaftigkeit) und persönliche Motive (was nützt es mir in meinem Alltag).

Die *begriffliche Erläuterung* (engl. conceptual/ thematic description) geht einen Schritt weiter in der Abstraktion der Schlussfolgerungen aus den Daten. Hier wird versucht, hinter den Strukturen oder Phänomenen der Oberfläche durch Interpretation Tiefenstrukturen zu erschließen. Während bei der zuvor besprochenen thematischen

Erhebung Begriffe oder Kategorien aus bereits publizierter Literatur verwendet werden, um die Präsentation von Ergebnissen zu organisieren, werden hier mit diesen Begriffen die Daten neu dargestellt oder transformiert (»reframing«, »recasting portions of data«). Damit werden die Konzepte aus der Literatur nicht nur als Ordnungsprinzip genutzt, sondern weiterentwickelt bzw. zur Formulierung einer neuen Erfahrung genutzt. Ein Beispiel aus Interviews von Hausärzten über ihr Vorgehen bei Patienten mit Brustschmerzen ist die Gruppierung mehrerer Entscheidungswege unter dem Begriff der »Diskrepanz«, d. h. Abweichung des aktuellen von einem Normalzustand als Hinweis für ein gravierendes medizinisches Problem [153].

Die vierte Stufe, die *interpretative Erklärung*, weist als unterscheidendes Kriterium eine begründete und kohärente Theorie der ausgewerteten Daten (Phänomene, Fälle) auf. Hier geht es um Kausalität bzw. um Essenz, diese Interpretationen entfernen sich am meisten von den erhobenen Daten. Als Beispiel führen Sandelowski und Barroso Studien an HIV-positiven Frauen der Mittel- und Oberklasse an. Die Probandinnen nutzten soziale Ressourcen, um das Stigma der Erkrankung dadurch zu bewältigen, dass sie sich als »HIV-positive women from bad to good« sahen. Mit Hilfe von Stilisierungen von »Erlösung« und »Selbsttransformation« konnten sie sich damit ihr Selbstbild von »netten Mädchen« (nice girls) bewahren.

Gerade im pragmatischen Kontext der Versorgungsforschung sollte man sich bei diesen Kategorien vor Wertungen hüten. Das (Auf-) Zählen von thematischen Nennungen in Interviewtexten kann durchaus einen relevanten Befund erbringen

(z. B. Bekanntheit einer Innovation), dasselbe gilt für die Kategorisierung und Quantifizierung von Freitexten eines Fragebogens mit ansonsten geschlossenem Frageformat. Umgekehrt kann eine tiefschürfende Interpretation von Textmaterial signifikante Ressourcen eines Projektteams beanspruchen, ohne brauchbare Antworten für die zu bearbeitende Fragestellung zu liefern. Bei der Wahl des Vorgehens bleibt die Art der Forschungsfrage entscheidend, ihr haben sich das zu erhebende Datenformat und die Auswertungsstrategie unterzuordnen.

Fallbezug

Es gibt zwei Zugangswege zum Textmaterial, die auch eine zeitliche Sequenz bedeuten: die fallbezogene (»within-case«) und die fallübergreifende (»cross-case«) Auswertung. Wenn wir als »Fälle« beispielsweise einzelne Personen (Interview-Partner) definieren, wird man zunächst deren Äußerungen im Zusammenhang lesen und versuchen, ein Verständnis der einzelnen Personen zu gewinnen, ebenso von ihrem Kontext und ihren inhaltlichen Positionen. Erst danach sollte fallübergreifend vorgegangen werden, indem man beispielsweise zu einer bestimmten Fragestellung Äußerungen verschiedener Personen zusammenstellt, Kontraste herausarbeitet oder Gemeinsamkeiten findet. Man spricht bei fallübergreifender auch von *kategorienbezogener Auswertung*.

Auch wenn diese Sequenz wichtig ist, so ist im Laufe des Auswertungsprozesses eine mehrmalige Rückkehr von der fallübergreifenden zur fallbezogenen Auswertung hilfreich. Damit können theoretische Formulierungen, die etwa bei der übergreifenden Betrachtung erarbeitet wurden, auf ihre Stichhaltigkeit im Kontext des Individuums überprüft werden.

Die Leiter der Abstraktion

Ein hilfreicher Ansatz zur Auswertung ist die sog. »Leiter der Abstraktion«: zunächst geht es um die Beschreibung – mit »Was? Wann? Wie? Wo?« beginnen die entsprechenden Fragen. Das Textmaterial wird als Bericht verstanden, man versucht Implizites explizit zu machen und in seine Komponenten zu zergliedern. Im nächsten Schritt folgt der Versuch, Zusammenhänge herzustellen, Regeln

und damit Theorien zu formulieren. Es geht also um das »Warum? Wozu?« und schließlich – wenn auch sehr vorsichtig – um eine Prognose.

Auch hier folgt man einer sachlich begründeten Sequenz (»analytische Progression«), besinnt sich aber doch iterativ immer wieder auf die Beschreibung, nachdem man erste Theorien formuliert hat.

Konfirmatorisch vs. explorativ

Schließlich unterscheidet man einen explorativen Ansatz, d. h. eine Entdeckungsreise in völliges Neuland, ohne eine Vorstellung oder theoretische Formulierung des zu untersuchenden Gegenstandes, und ein konfirmatorisches Vorgehen, das bekannte Erfahrungen, Zusammenhänge oder Theorien am qualitativen Material überprüfen will, vielleicht primär Lücken in einem sonst bereits fertig gezeichneten Bild füllen soll. Auch diese Trennung ist in der analytischen Praxis meist nicht durchzuhalten. Schon zu Projektbeginn haben die Beteiligten bei Projekten der hier diskutierten Art sich durchaus Vorstellungen zum Forschungsgebiet gemacht, sie haben vorhandene Literatur diskutiert und vielleicht eigene Erfahrungen in der Versorgung gemacht – Explorationen in völlig undefinierte Dunkelheit kommen kaum vor. Es ist sicher sinnvoll, die daraus resultierenden Auffassungen explizit als Hypothesen zu formulieren, damit einer Überprüfung zugänglich zu machen und eine versteckte Verzerrung (Interpretations-Bias) zu vermeiden.

13.4.3 Matrix-Methode

Die visuelle Darstellung (»display«) von Daten ist die zentrale Idee der Matrix-Methode; zusammen mit einem System der Codierung verhilft diese Darstellung zu einem ordnenden Durchblick in einem sonst vielleicht unübersichtlichen Material. Ein neuer Blick ist möglich, um Zusammenhänge zu erfassen und Schlussfolgerungen zu ziehen [9, S. 91]. Solche Darstellungen – sei dies als Matrix oder Grafik/Diagramm – kondensieren und systematisieren verstreute Information, erlauben Vergleiche, machen Diskrepanzen deutlich und legen Themen, Strukturen und Trends nahe.

Dabei sollte man so vorgehen, dass man zunächst die Struktur der Darstellung (Grafik,

Matrix) festlegt, dann die Daten aus dem Material eingibt und schließlich Schlussfolgerungen (Gemeinsamkeiten? Gegensätze? Strukturen?) zieht. Die oben erwähnte Unterscheidung von fallbezogener und fallübergreifender bzw. kategorienbezogener Sicht ist auch bei der Gestaltung einer Matrix zu berücksichtigen. Auch in Abhängigkeit von der Art, Menge und Dichte des Materials entscheidet man, ob in die Matrix Zitate (z. B. aus Einzelinterviews oder Fokusgruppen), markante Stichworte, Abkürzungen, knappe Zusammenfassungen oder – später im Prozess – Schlussfolgerungen eingeführt werden.

- **Kontext-Grafik**

Die Kontext-Grafik [9, S. 102] stellt die Beziehungen und Rollen von Personen, Gruppen und Organisationen dar. Ohne den Bezug zum Kontext ist individuelles Verhalten meist völlig unverständlich; den relevanten Kontext zu erfassen, ist eine der wichtigsten Stärken und Aufgaben qualitativer Forschung.

Eine Kontextgrafik ist v. a. für eine fallbezogene Analyse hilfreich. So lassen sich Beziehungen in einem Praxis- oder Stationsteam darstellen (eine Parallele aus der quantitativen Forschung ist das Soziogramm). Auf der nächst höheren Ebene können etwa die Beziehungen einer hausärztlichen Praxis zu anderen Versorgungseinrichtungen der Umgebung aufgezeigt werden: andere primärärztliche Praxen (z. B. Vertretungsring), bevorzugte fachärztliche Praxen (regelmäßige Berichte, telefonischer Austausch), sonstige fachärztliche Praxen, Einrichtungen von Physiotherapeuten, Podologen, ambulante Pflegedienste, psychotherapeutische Praxen, Apotheken, Krankenhausabteilungen u.v.m. Wird diese Analyse für mehrere Einheiten durchgeführt, lassen sich Verhaltensstrukturen erkennen; der Schritt von der Beschreibung zur Formulierung einer theoretischen Einsicht zum Funktionieren der beteiligten Praxen und dieses Funktionieren ist essentiell für das Verständnis von professionellen (Nicht-) Veränderungsprozessen.

- **Checkliste**

Eine Checkliste [9, S. 105] hilft, einen Oberbegriff in seine Bestandteile aufzulösen. Damit schafft man es, einen komplexen Begriff in Komponenten zu zerlegen, die sich an dem Material besser überprüfen lassen, die also besser operationalisierbar sind.

So verwendet man in Zusammenhang mit evaluativen Fragestellungen oft den Begriff »Akzeptanz«. Tatsächlich kann man darunter sehr verschiedene Dinge verstehen: Teilnehmer einer Fortbildungsveranstaltung signalisieren mit ihrer Körpersprache Zustimmung (Nicken, Lächeln), ändern ihr Verhalten in der Praxis aber nicht. Andere diskutieren die Inhalte kontrovers, erweisen sich später aber als treue Umsetzer. Hier wären also zu trennen: die inhaltliche Übereinstimmung mit einer Innovation (»Finde ich sinnvoll!«), die Beurteilung der Umsetzbarkeit (»Lässt sich machen!) und das daraus resultierende Verhalten (»Dafür vergebe ich jetzt separate Termine!«). Dann lassen sich beispielsweise Passagen eines Interviews viel klarer daraufhin überprüfen, ob sich bei den Befragten etwas bewegt hat, ob im Kopf oder auch nach außen sichtbar (Verhalten) – (s. auch ▶ Abschn. 11.1 Datenerhebung/Sinn und Zweck, ▶ Abb. 11.1: Implementierungsprozesse).

- **Ereignisliste – Zeit-Matrix**

Die Zeit-Matrix [9, S. 110] stellt konkrete Ereignisse chronologisch, ggf. kategorisiert, dar. Dies kann bei Fragestellungen sinnvoll sein, bei denen es um Prozesse mit einer gewissen Dauer geht. Neben der Zeitachse ist oft eine weitere Dimension sinnvoll, z. B. die Parallelaufstellung der Abläufe in verschiedenen sozialen Einheiten (Einzelpersonen, Praxen, Qualitätszirkel, Praxisnetz usw.).

- **Rollen-Matrix**

In Erprobungsstudien hat man es mit komplexen sozialen Gebilden wie Praxen oder Krankenhausstationen zu tun; hier arbeiten Akteure mit ganz bestimmten Erfahrungen, Aufgaben bzw. Rollen zusammen [9, S. 122]. Ihre Sicht auf denselben Gegenstand – die Innovation – wird durchaus unterschiedlich sein. Dabei sind Überlegungen, wer denn nun »Recht« hat, meist müßig; jede der verschiedenen Perspektiven hat ihre Relevanz für das Versorgungsgeschehen und für die (Nicht-) Umsetzung von Innovationen.

Die Sicht dieser verschiedenen Rollenträger können Sie in der Rollen-Matrix aufzeigen. Dabei bilden einzelne befragte Personen die Zeilen der

Matrix, sinnvoller Weise nach Gruppen zusammengestellt (z. B. Schwestern/Pfleger, Stationsärztinnen/-ärzte, Pflegedienstleitung, ärztliche Leitung). Die Spalten sind nach der Reaktion der Betroffenen auf die Innovation definiert: was wird als relevant wahrgenommen (sog. Salienz)? Wie wird die Umsetzbarkeit eingeschätzt? Welche Veränderungen werden dafür als notwendig angesehen? Wieweit passt die Innovation zu den überlieferten Routinen? Jede dieser Fragen steht über einer Spalte der Matrix.

Eine solche Darstellung kann sich durchaus noch in der fallbezogenen Sicht bewegen, wenn beispielsweise die »Station« die Einheit der Beobachtung ist. Innerhalb der einzelnen Praxis interessiert uns, die Sicht der Ärzte, der medizinischen Fachangestellten und der Patienten zu erfahren. Aber auch eine übergreifende Darstellung (»cross-case«) ist möglich, wobei sich allerdings sehr komplexe Bilder ergeben können.

- **Thematische Matrix**
Während bei den zuvor erwähnten Darstellungen die Zeit bzw. soziale Rollen das ordnende Prinzip darstellten, sind es hier inhaltliche Begriffe [9, S. 127]. So kann man bei der Pilotphase einer größeren Studie die Handlungen, die von den Prüfärzten erwartet werden, in Spalten eintragen; die befragten Prüfärzte dagegen stellen die Zeilen dar. So lassen sich neuralgische Punkte identifizieren, die für die Hauptstudie verbessert werden können; aber auch Beziehungen zwischen inhaltlichen und persönlichen Charakteristika können erkannt werden.

Eine für unseren Zusammenhang oft nützliche Matrix orientiert sich an den Phasen des Innovations-Entscheidungs-Prozesses nach Rogers [22] (s. auch ▶ Abschn. 11.1 Datenerhebung/Sinn und Zweck, ▶ Abb. 11.1: Implementierungsprozesse). Damit lässt sich im Einzelfall entscheiden, welche Schritte vom Kennenlernen einer Innovation bis hin zur Umsetzung der Gesprächspartner vollzogen hat und welche Konsequenzen sich dabei ergeben haben. Die Orientierung an solchen Modellvorstellungen ist nötig, wenn die Befragung eher vom Typ des »thematic survey« oder der »thematic description« ist (▶ Abschn. 13.4.2). Bei weitergehenden qualitativen Fragestellungen kann eine solche

Vorstellung eine vorläufige Hilfe (z. B. Gestaltung eines Interview-Leitfadens) sein, sollte aber andererseits bei der Interpretation kritisch hinterfragt und ggf. verworfen werden.

- **Folk Taxonomy**
»Folk taxonomy« [9, S. 133] gibt alltägliche Klassifikationen wieder. Das wären z. B. Typen von Patienten oder Praxissituationen. Miles und Hubermann zeigen eine sehr schöne PKW-Taxonomie, für die sich kaum Parallelen in der medizinischen Versorgung aufzeigen lassen.

- **Kognitive Landkarte**
Um die Vorstellungen eines Probanden in ihrer Komplexität darzustellen, braucht man ein flexibleres Instrument als die bisher angeführten Tabellen, die als Spalten und Zeilen definiert sind. Die kognitive Landkarte [9, S. 134] ist eine Möglichkeit, von Probanden erwähnte Begriffe und deren Zusammenhänge darzustellen. Sie besteht aus »Knoten«, d. h. Begriffen oder kurzen Passagen, und »Verbindungen«, die positiv/negativ, fördernd/verhindernd usw. definiert werden können.

Tatsächlich kann man auch die Befragten selbst bitten, Klebezettel mit relevanten Begriffen auf einer Fläche anzuordnen, die Anordnung zu kommentieren und Zusammenhänge verschiedener Qualität einzuzeichnen. Zumindest kann zu einer von Wissenschaftlern zusammengestellten Landkarte das Feedback der Befragten eingeholt werden.

Zu beachten ist, dass man sich hier immer noch im Bereich der Beschreibung befindet. Auch wenn natürlich starke Annahmen gemacht werden müssen, geht es doch um ein »Bild«, das sich die Probanden von den interessierenden Sachverhalten machen (▶ Abschn. 12.2), und möglichst nicht um die Theorien der Studienleiter!

- **Wirkungs-Matrix**
Die Wirkungs-Matrix [9, S. 137] dient der Darstellung von (Aus-) Wirkungen. Miles und Huberman geben Beispiele aus dem Bereich organisatorischer Veränderungen in Schulen, welche sich gut auf Gesundheitseinrichtungen anwenden lassen. Unterschieden (Zeilen) wird zunächst zwischen strukturellen (Stundenpläne, Einteilung der Lehrer) und prozeduralen (Notengebung) Auswirkungen sowie

Effekten auf Beziehungs- bzw. Schulklimaebene (Nutzer bilden eine Minderheit, schließen sich zusammen). Die Spalten werden wiederum entsprechend der Laufzeit (Jahre) des Programms definiert und innerhalb dieser Spalten nach direkten und indirekten (»spin-offs«) Wirkungen.

Während die bisherigen Matrix-Instrumente eher dem Bereich von Exploration und Beschreibung zuzuordnen sind, geht es jetzt um den Prozess des Erklärens und Vorhersagens.

■ **Falldynamik-Matrix**
Diese Matrix stellt die treibenden Kräfte einer Veränderung dar sowie deren Prozesse und Ergebnisse [9, S. 148]. Jetzt bewegen wir uns im Bereich von erklärenden Modellen, die schließlich sogar eine Vorhersage möglich machen sollen.

Bei einer »within-case«-Darstellung können mit der Innovation zusammenhängende Probleme die Zeilen darstellen (Zeitaufwand, widersprüchliche Erwartungen verschiedener Betroffener [-Gruppen], inhaltliche und Prozesskomplexität). In den Spalten würden die den Problemen zu Grunde liegenden Faktoren dargestellt (Autonomie und professionelle Profilierung, Arbeitsüberlastung, Rollenkonflikte), mögliche Lösungsstrategien und erwartete Ergebnisse.

■ **Kausales Netzwerk**
Die wichtigsten unabhängigen und abhängigen Variablen in einem Feld und deren Beziehung untereinander werden in einer schematischen Zeichnung dargestellt [9, S. 151]. Die Wirkungen (positive und negative) werden durch Pfeile veranschaulicht (Direktionalität).

Insgesamt lassen sich diese Darstellungen kombinieren und kreativ den Aufgabenstellungen anpassen. Miles und Huberman beschreiben weitere Darstellungsweisen und geben detaillierte Hilfen zum konkreten Einsatz.

13.4.4 Qualitative Inhaltsanalyse

Die Inhaltsanalyse ist eine klassische Vorgehensweise zur Analyse von Textmaterial gleich welcher Herkunft [150]. Ein wesentliches Kennzeichen ist die Verwendung von Kategorien, die häufig aus theoretischen Modellen abgeleitet sind. Kategorien werden an das Material herangetragen, dabei immer wieder überprüft und ggf. modifiziert. Im Zentrum stehen dabei zwei Ansätze, *induktive* Kategorienentwicklung und *deduktive* Kategorienanwendung [154]. Für die praktische Umsetzung der Datenauswertung bietet sich ein computergestützten Programm für qualitative Interviews »MAXQDA« an [10].

In ☉ Tab. 13.3 sind die in der Literatur beschriebenen unterschiedlichen Methoden der qualitativen Inhaltsanalyse zusammengefasst.

■ **Vorteile der qualitativen Inhaltsanalyse**
Der größte Vorteil der qualitativen Inhaltsanalyse liegt in ihrer Systematik, das heißt, in ihrer Regelhaftigkeit und dem schrittweisen Vorgehen, das durch bestimmte Techniken bereits vorher festgelegt wurde.

■ **Nachteile der qualitativen Inhaltsanalyse**
- Die schnelle Kategorisierung verstellt möglicherweise den Blick auf den Inhalt des Textes.
- Die Interpretation subjektiver Daten erfolgt eher schematisch, ohne wirklich in die Tiefe zu dringen.
- Paraphrasen werden nicht zur Erklärung des Ursprungstextes verwendet, sondern treten an dessen Stelle.
- Mit der »strukturierenden Inhaltsanalyse« wird nach Strukturen innerhalb des Textes gesucht.

Zunächst bewegt man sich auf der Ebene der deskriptiven Inhaltsanalyse, wobei die gefundenen Strukturen in Zusammenhang gebracht werden können (☉ Tab. 13.4; [127]).

Meistens enthält der Rohtext viel Material, das unbrauchbar ist, besonders wenn es sich um ein Interviewprotokoll handelt (z. B. Verzögerungen, Unterbrechungen, Wiederholungen, Umformulierungen, nicht zu Ende geführte Aussagen usw.). In der **Phase der Zusammenfassung** wird solches Material aus dem zu analysierenden Text entfernt.

Unbrauchbares Material kann
- bedeutungslos bzw. unverständlich sein (z. B. »Äh«, »Wissen Sie« oder »Hmm?«)
- aus Wiederholungen bestehen oder
- irrelevant sein.

◘ Tab. 13.3   Methoden der qualitativen Inhaltsanalyse

Methode	Variante/Vorgehen	Beschreibung
Zusammenfassende Inhaltsanalyse		Das Material wird auf seine Hauptaussagen reduziert
	Paraphrasierung	Nicht oder wenig inhaltstragende Textbestandteile wie Ausschmückungen oder Wiederholungen werden gestrichen. Übersetzung der inhaltstragenden Textbestandteile auf eine einheitliche Sprachebene Umwandlung auf eine grammatikalische Kurzform
	Generalisierung	Generalisierung der Gegenstände der Paraphrasen auf die Abstraktionsebene, sodass die alten Gegenstände in den neu formulierten enthalten sind. Paraphrasen, die über dem Abstraktionsniveau liegen, werden unverändert belassen. Bei Zweifelsfällen werden theoretische Vorannahmen zu Hilfe genommen.
	1. Reduktion	Weniger relevante Passagen und bedeutungsgleiche Paraphrasen werden gestrichen.
	2. Reduktion	Ähnliche Paraphrasen werden gebündelt und zusammengefasst.
Explizierende Inhaltsanalyse		Diffuse, mehrdeutige oder widersprüchliche Textstellen werden durch die Einbeziehung von Kontextmaterial aufgeklärt. Dabei werden lexikalisch-grammatikalische Definitionen für die jeweilige Textstelle herangezogen oder formuliert. Daraus wird eine explizierende Paraphrase formuliert und überprüft.
	Enge Kontextanalyse	Zusätzliche Aussagen zur Erläuterung der zu analysierenden Textstelle werden hinzugezogen
	Weite Kontextanalyse	Informationen außerhalb des Textes werden gesucht: über den Verfasser, die Entstehungssituation, aus der Theorie, etc…
Strukturierende Inhaltsanalyse		Typen oder formale Strukturen im Material werden gesucht, wobei formale inhaltliche, typisierende oder skalierende Strukturierungen vorgenommen werden
	Formale Strukturierung	Eine innere Struktur wird herausgefiltert.
	Inhaltliche Strukturierung	Material wird zu bestimmten Inhaltsbereichen extrahiert und zusammengefasst.
	Typisierende Strukturierung	Einzelne markante Ausprägungen werden auf eine Typisierungsdimension hin untersucht und beschrieben.
	Skalierende Strukturierung	Das Material wird nach Dimensionen in Skalenform eingeschätzt.

⬛ **Tab. 13.4** Strukturierende Inhaltsanalyse

Schritt	Kennzeichen
1. Schritt	Bestimmung der Analyseeinheiten
2. Schritt	Festlegung der Strukturierungsdimensionen (theoriegeleitet)
3. Schritt	Bestimmung der Ausprägungen (theoriegeleitet) und Zusammenstellung des Kategoriensystems
4. Schritt	Formulierung von Definitionen, Ankerbeispielen und Kodierregeln zu den einzelnen Kategorien
5. Schritt	Materialdurchlauf: Fundstellenbezeichnung
6. Schritt	Materialdurchlauf: Bearbeitung und Extraktion der Fundstellen
1. Zwischenschritt	Überarbeitung, gegebenenfalls Revision von Kategoriensystem und Kategoriendefinition (zurück zu Schritt 3)
7. Schritt	Ergebnisaufbereitung »Ziel der Analyse ist es, das Material so zu reduzieren, dass die wesentlichen Inhalte erhalten bleiben, durch Abstraktion einen überschaubaren Corpus zu schaffen, der immer noch Abbild des Grundmaterials ist.« [151, 154]

Am Beispiel der zusammenfassenden Inhaltsanalyse wird die Vorgehensweise näher erläutert.

Als Vorbereitung auf die Zusammenfassung müssen die **Kodiereinheiten** und **Kontexteinheiten** definiert werden. Unter Kodiereinheit versteht man den kleinsten Textbestandteil, der in eine der zu erstellenden Kategorien eingeordnet werden kann. Die Kontexteinheit legt den größten Textbestandteil fest. Als Kodiereinheit wird »ein Satz«, d. h. jede Aussage des Befragten zum interessierenden Sachverhalt und als Kontexteinheit »alle Fundstellen innerhalb eines Interviews« festgelegt. Die Auswertungsschritte werden in einer Tabelle niedergeschrieben. Auf diese Weise ist der Ablauf gut nachzuvollziehen.

Der **erste Schritt** der Zusammenfassung besteht aus der »**Paraphrasierung**«:
- Nicht oder wenig inhaltstragende Textbestandteile wie Ausschmückungen oder Wiederholungen werden gestrichen.
- Übersetzung der inhaltstragenden Textbestandteile auf eine einheitliche Sprachebene.
- Umwandlung auf eine grammatikalische Kurzform.

Als **zweiter Schritt** folgt die »**Generalisierung**«. Die Paraphrasen müssen nun auf ein Abstraktionsniveau verallgemeinert werden. Die Arbeitshypothesen legen das Abstraktionsniveau fest. Das be-

deutet, die Paraphrasen sind so zu generalisieren, dass ein direkter Bezug zu den zu untersuchenden Annahmen hergestellt werden kann:
- Generalisierung der Gegenstände der Paraphrasen auf die Abstraktionsebene, sodass die alten Gegenstände in den neu formulierten enthalten sind.
- Paraphrasen, die über dem Abstraktionsniveau liegen, werden unverändert belassen.
- Bei Zweifelsfällen werden theoretische Vorannahmen zu Hilfe genommen.

Dadurch entstehen teilweise inhaltsgleiche Paraphrasen, an denen in einem **dritten Schritt** eine »**erste Reduktion**« vorgenommen wird:
- Bedeutungsgleiche Paraphrasen werden gestrichen.
- Nicht inhaltstragende Paraphrasen werden gestrichen.
- Es werden nur Paraphrasen übernommen, die als zentral wichtig erscheinen.
- Bei Zweifelsfällen werden theoretische Vorannahmen zu Hilfe genommen.

Das so gekürzte bzw. komprimierte Textmaterial wird einer »**Zweiten Reduktion**« unterworfen:
- Paraphrasen mit gleichem oder ähnlichem Gegenstand und ähnlicher Aussage werden zusammengefasst.

— Paraphrasen mit mehreren Aussagen werden zu einem Gegenstand zusammengefasst.

— Paraphrasen mit gleichem oder ähnlichem Gegenstand und verschiedener Aussage werden zusammengefasst.

— Bei Zweifelsfällen werden theoretische Vorannahmen zu Hilfe genommen.

Die entstandenen komprimierten Aussagen können als **Kategoriensystem** verstanden werden. Wichtig ist nun noch die Überprüfung, ob alle Aussagen der ersten Paraphrasierung in den neu konstruierten enthalten sind. Ist dies nicht der Fall müssen die Schritte erneut durchlaufen werden. Ist dies der Fall, ist die Auswertung im Sinne der Zusammenfassung abgeschlossen.

Das gewonnene Kategoriensystem kann nun im Zusammenhang der Fragestellung interpretiert werden und die einzelnen Interviews untereinander verglichen werden.

Der letzte Schritt der Auswertung besteht in der **Bildung von Konzepten**: analytische Kategorien, die auf demselben Sachverhalt fußen, werden zusammengelegt, um die abstrakten, allgemeinen Begriffe festzustellen, die den subjektiven Nachbildungen der Teilnehmer von ihren Erfahrungen zugrunde liegen.

Konzepte sind breiter und abstrakter (allgemeiner) als analytische Kategorien. Häufig werden sie erst erkennbar, nachdem mehrere Interviews ausgewertet worden sind. Soweit wie möglich sollten die Konzepte in der Lage sein, die Kategorien in eine breitere, in der Regel schon bekannte Struktur (eine Theorie, ein Modell) zu integrieren.

Der gesamte Vorgang (Ausfindigmachen von Inhaltseinheiten, Feststellung von Kategorien, Herausarbeitung von Konzepten) entwickelt sich als ein Prozess des Ableitens von Inhalten auf einem ständig höher werdenden Abstraktions- und Verallgemeinerungsniveau.

Weiterführende Literatur

1 Dittmar, N. Transkription. Ein Leitfaden mit Aufgaben für Studenten, Forscher und Laien. Leske + Budrich Opladen 2002

2 Flick, U. Qualitative Sozialforschung. Eine Einführung. Rohwohlt Reinbek 2002

Dieses Buch führt entlang des Forschungsprozesses in die theoretischen Grundlagen, die methodischen Ansätze und ihre Anwendung ein. Vorgestellt werden die wichtigsten Methoden der Erhebung und Interpretation von Daten, Kriterien der Materialauswahl, Dokumentation des Vorgehens und Geltungsbegründung.

3 Flick, U. Handbuch Qualitativer Sozialforschung. Konzepte, Methoden und Anwendungen. Reinbek 2006

Das Handbuch bietet eine aktuelle Bestandsaufnahme der wichtigsten Theorien, Methoden und Forschungsstile der Qualitativen Forschung. Aktuelle Entwicklungen, etwa die Verwendung von Computern, werden vorgestellt, praktische Fragen der Datenerhebung und Analyse anschaulich bearbeitet. Der Serviceteil gibt Hinweise zur Literatur, zum Studium und zur Recherche in Datenbanken und Internet im Bereich der Qualitativen Forschung.

4 Kuckartz, U. Einführung in die computergestützte Analyse qualitativer Daten. Wiesbaden 2007

Die sozialwissenschaftliche Analyse von qualitativen Daten, die Text- und Inhaltsanalyse lassen sich heute sehr effektiv mit Unterstützung von Computerprogrammen durchführen. Der Einsatz von QDA-Software verspricht mehr Effizienz und Transparenz der Analyse. Dieses Buch gibt einen Überblick über diese neuen Arbeitstechniken, diskutiert die zugrunde liegenden methodischen Konzepte (u. a. die »grounded theory« und die Qualitative Inhaltsanalyse) und gibt praktische Hinweise zur Umsetzung.

Siehe auch die von Kuckartz entwickelte Software: http://www.maxqda.de.

5 Lamnek, S. Gruppendiskussion. Theorie und Praxis. Stuttgart 2005

Die sozialwissenschaftliche Methode der Gruppendiskussion hat in den letzten Jahren weiter an Bedeutung gewonnen. Ziel dieses Lehrbuches ist es, einen aktuellen Überblick über das Verfahren zu geben. Neben einer Einführung in Grundlagen und Anwendungsbereiche werden auch Möglichkeiten und Grenzen der Gruppendiskussion leicht nachvollziehbar dargestellt. Enthalten sind ausführliche praktische Hinweise zur Planung und Durchführung sowie zur Erfassung, Auswertung und Analyse der Ergebnisse sowohl für Studierende als auch für Praktiker.

6 Mayring, P. Einführung in die qualitative Sozialforschung. Weinheim 2002

Qualitative Forschung ist keine beliebig einsetzbare Technik, sondern eine Grundhaltung, ein Denkstil, der immer streng am Gegenstand orientiert ist. Wo immer dies möglich war, werden Bezüge zum Gegenstandsfeld hergestellt. Es gibt Gegenstandsspezialisten und Methodenspezialisten. Nur wenige sind Experten auf dem »Was« und dem »Wie« von Forschung. Die Folge sind methodisch versierte, aber wenig aussagekräftige Projekte auf der einen Seite, theoretisch hoch interessante, aber methodisch »wackelige« Arbeiten auf der anderen Seite. Dieses Methodenbuch möchte dieser Trennung entgegenwirken.

7   Mayring, P. Qualitative Inhaltsanalyse. Grundlagen und
     Techniken. Weinheim 2007
     Alternativen zu einem einseitigen quantitativ-naturwis-
     senschaftlich orientierten Vorgehen verstärken sich in
     den letzten Jahren in fast allen Humanwissenschaften.
     Zur Begründung des Vorgehens werden Kommunika-
     tionswissenschaften, Hermeneutik, Qualitative Sozial-
     forschung, Literaturwissenschaften und Psychologie
     herangezogen. Ausgehend von den drei Grundformen
     der Zusammenfassung, Explikation und Strukturierung
     werden einzelne Techniken durch Ablaufmodelle und
     Interpretationsregeln beschrieben und am Beispiel ver-
     anschaulicht.
8   Strauss, A., Corbin, J. Grounded Theory: Grundlagen
     Qualitativer Sozialforschung. Weinheim 1996
     Studierende und Forscher verschiedener Disziplinen,
     die am Entwickeln einer Theorie interessiert sind,
     stellen sich nach der Datenerhebung oft die Frage: Wie
     komme ich zu einer Theorie, die sich auf die empirische
     Realität gründet? Die Autoren beantworten diese und
     andere Fragen, die sich bei der qualitativen Interpre-
     tation von Daten ergeben. Auf klare und einfache Art
     geschrieben vermittelt das Buch Schritt für Schritt die
     grundlegenden Kenntnisse und Verfahrensweisen der
     »grounded theory« (datenbasierte Theorie), sodass es
     besonders für Personen interessant ist, die sich zum
     ersten Mal mit der Theorienbildung anhand qualitativer
     Datenanalyse beschäftigen. Das Buch gliedert sich in
     drei Teile. Teil I bietet einen Überblick über die Denk-
     weise, die der »grounded theory« zugrunde liegt. Teil
     II stellt die speziellen Techniken und Verfahrensweisen
     genau dar, wie z. B. verschiedene Kodierungsarten. In
     Teil III werden zusätzliche Verfahrensweisen erklärt und
     Evaluationskriterien genannt.
9   Helfferich C. Die Qualität qualitativer Daten. Manual für
     die Durchführung qualitativer Interviews. Wiesbaden:
     Verlag für Sozialwissenschaften; 2004 (2. Aufl.)
     Wie führt man ein »gutes« qualitatives Interview?
     Fragt man überhaupt – wenn ja: Wie? Welche Formen
     qualitativer Interviews gibt es? Wie erstellt man einen
     Leitfaden? Das Manual beantwortet diese und andere
     Fragen und will den praktischen Nöten derjenigen
     abhelfen, die qualitative (narrative, problemzent-
     rierte oder Leitfaden gestützte) Einzelinterviews für
     Forschungsprojekte oder im Rahmen von Qualifika-
     tionsarbeiten durchführen wollen. Es vermittelt alle
     Kompetenzen, die notwendig sind, um das qualitative
     Interview als Kommunikations- und Interaktionsprozess
     zu reflektieren und bewusst zu gestalten.
     Das Buch enthält praktische Übungen, die sich in Inter-
     view-Schulungen bewährt haben, Forschungsbeispiele
     und theoretisches Hintergrundwissen. Eine Check-Lis-
     te hilft, Forschungsentscheidungen im Zusammenhang
     mit der Durchführung der Interviews zu überprüfen.
     Ergänzt werden praktische Informationen z. B. zum
     Datenschutz. Das Manual ermöglicht es, sich Bausteine
     für Interviewschulungen selbst zusammenzustellen. Es
     kann aber auch zum Selbststudium oder als Fundus für
     Unterrichtseinheiten genutzt werden.
10   Kuckart,z U. Quick and dirty? – Qualitative Methoden
     der drittmittelfinanzierten Evaluation in der Umwelt-
     forschung. In Flick U (Hrsg.). Qualitative Evaluations-
     forschung. Konzept Methoden Umsetzungen. Reinbeck:
     Rowohlt; 2006
11   Patton, M.Q. Qualitative Research & Evaluation Met-
     hods. Thousand Oaks (CA): Sage; 2002 (3. Aufl.).
12   Rogers EM. Diffusion of Innovations. New York: The Free
     Press; 1995 (4. Aufl.)
13   Flick, U. Interviews in der qualitativen Evaluations-
     forschung. In: U. Flick (ed.), Qualitative Evaluations-
     forschung. Konzepte-Methoden-Umsetzung, 214–232.
     Rohwohlt, Reinbeck 2006
14   Frey, J.H., Mertens Oishi, S. How to conduct interviews
     by telefone and in person SAGE Publications, Thousand
     Oaks 1995
15   Lamnek, S. Qualitative Sozialforschung. Band 2: Metho-
     den und Techniken Belz. Psychologie Verlags Union,
     Weinheim 1995
16   Mathers, N., Fox, N., Hunn, A. Using interviews in a rese-
     arch project. In: A. Wilson, M. Williams, B. Hancock (eds.)
     Research approaches in primary care, 113–134. Radcliffe
     Medical Press, Oxon 2000

13

Verfälschungen und Trugschlüsse

14.1   Definitionen

Bei Studien der Versorgungsforschung können verschiedene Fehler auftreten, die zu einer Verzerrung der Studienergebnisse und als Konsequenz zu falschen Schlussfolgerungen führen können.

Dabei ist die Unterscheidung von systematischen und unsystematischen Fehlern nützlich. Von letzterem spricht man, wenn beispielsweise die Daten von Fragebögen fehlerhaft, aber ohne systematische Abweichungen in eine bestimmte Richtung, in einen PC eingegeben werden. Dies kann dazu führen, dass Unterschiede (z. B. Vergleich zwischen zwei Gruppen) verwischt werden und sich keine statistisch signifikanten Zusammenhänge mehr ergeben, obwohl diese im ursprünglich erhobenen Datenmaterial gegeben waren.

Einen systematischen Fehler dagegen findet man als Resultat der unten angegebenen Formen des Bias. Hier werden die Ergebnisse in eine bestimmte Richtung verfälscht: meist »von der Null-Hypothese weg«, aber auch andere Effekte kommen vor. Während man von Bias bei der Auswahl von Studienteilnehmern (Selektionsbias) und der Datenerhebung (Beobachtungsbias) spricht, lässt sich das sog. Confounding davon abgrenzen.

Ein beobachteter Zusammenhang zwischen z. B. einer Erkrankung Y und einem bestimmten Risikofaktor X ist in Wirklichkeit auf den Einfluss eines anderen Faktors (oder einer Gruppe von Faktoren) zurück zu führen, der sowohl mit der beobachteten Erkrankung wie auch mit dem Risikofaktor X zusammenhängt.

Beispiel
In einer Studie wird festgestellt, dass bei Rauchern auch eine erhöhte Erkrankungshäufigkeit an Leberzirrhose besteht. Der Confounder ist in diesem Fall der erhöhte Alkoholkonsum von Rauchern. Wird dieser Faktor in der statistischen Analyse korrigiert, verschwindet die ursprünglich angenommene Wirkung des Rauchens auf die Leber.

14.2   Formen des Bias

Einige Formen der Verzerrung wurden bei der Diskussion der Intervention bereits erläutert (▶ Abschn. 10.4). Die im Folgenden genannten Möglichkeiten entstammen überwiegend der

Epidemiologie und den Sozialwissenschaften, teilweise wurden Anpassungen an Studien der interventionellen Versorgungsforschung vorgenommen.

14.2.1   Rekrutierungs-Bias

Während bei der Rekrutierung der teilnehmenden Einheiten (Praxen, Abteilungen, Stationen) die Studienleitung direkt dafür sorgen kann, dass allzu drastische Verzerrungen ausbleiben, stellt die Rekrutierung einzelner Patienten hohe Anforderungen an die Beteiligten. Erfahrungsgemäß werden Patienten mit höherer Schulbildung (höhere Bereitschaft, Fragebögen auszufüllen), guten Deutschkenntnissen, geringerer Beeinträchtigung durch Symptome oder Ältere (haben mehr Zeit) eher auf eine Studienteilnahme angesprochen.

Als Konsequenz müssen teilnehmende Einrichtungen dazu angehalten werden, geeignete Patienten für einen definierten Zeitraum strikt *konsekutiv zu rekrutieren*. Dies kann mit der Routinedokumentation abgeglichen werden, wobei man nur mit solchen Einrichtungen zusammenarbeiten sollte, die zu einem entsprechenden Audit bereit sind.

14.2.2   Soziale Erwünschtheit und Faking Good

Als Wissenschaftler sollte man sich bewusst machen, dass Falldokumentationen immer auch eine Aussage zur Praxis, ihren Mitarbeitern und zur Arbeitsqualität machen, auch wenn dies nicht eigentliches Ziel der Falldokumentation ist. »Soziale Erwünschtheit« (der unbewusste Versuch, ein positives Bild von sich zu geben, auch wenn die Angaben nicht der Wahrheit entspricht) und »Faking Good« (der bewusste Versuch) sind also denkbar. Dies gilt vor allem dann, wenn das Ziel der Intervention Verhaltensänderungen nicht beim Patienten, sondern bei dem Arzt oder der Ärztin sind.

Wichtige Strategien dagegen sind möglichst neutrale Frageformulierungen und vor allem die Anonymisierung [155]. Wenn es um faktische Information geht (z. B. Anzahl von Behandlungen) sollte möglichst auf andere Datenquellen als die Befragung zurückgegriffen werden. Insgesamt ist der Bias der sozialen Erwünschtheit in der Versorgungsforschung relevanter als in anderen Bereichen der Medizin. Auch Routinedaten sind nicht vor Verfälschungen gefeit, was durch Abrechnungsdiagnosen eindrucksvoll unterstrichen wird.

14.2.3 Hawthorne-Effekt

Das Wissen, an einer Studie teilzunehmen, kann das Verhalten der Studienteilnehmer (Behandlungsteams, Patienten) verändern. Dies ist in der klinischen Forschung mit ihrem Fokus auf biologischen Prozessen meist kein Problem; in der Versorgungsforschung jedoch kann der Studien-»Gegenstand« dadurch verzerrt werden, gerade auch in einer »usual care«-Kontrollgruppe.

Oft kann ein solcher Bias durch eine längere Studienlaufzeit verringert werden (Gewöhnung); dies ist jedoch gegen die höheren Kosten und den zusätzlichen Aufwand für die Beforschten (Studiendokumentation) abzuwägen.

14.2.4 Teleskop-Bias

Sollen Menschen Häufigkeiten schätzen, so sind diese Schätzungen anfällig für bestimmte Fehler: schwerwiegende, bizarre oder ärgerliche Ereignisse (Beratungsanlässe, Befunde, Erkrankungen) werden in ihrer Häufigkeit eher überschätzt, häufige unterschätzt. Werden Zahlenangaben gemacht, so werden Vielfache von »5« oder »10« bevorzugt [7]. Eine besondere Form dieses Bias wird durch das Gesetz von Lasagna umschrieben. Bei der Studienplanung versichern die Praktiker, dass das untersuchte Problem häufig und die Rekrutierung sicher kein Problem sei. Tatsächlich fällt die Zahl der die Einschlusskriterien erfüllenden Patienten zu Studienbeginn stark ab, um erst nach Studienende wieder anzusteigen (▶ Abschn. 9.5).

Bei der Abschätzung von Rekrutierungsmöglichkeiten sollte man sich vorzugsweise auf dokumentierte Erkrankungsfälle bzw. Behandlungen verlassen. Dabei ist zu bedenken, dass diese sich nicht vollständig rekrutieren lassen, sondern hier immer Abschläge aufgrund fehlender Einwilligung,

Ausschlusskriterien oder lückenhafter Rekrutierung (Studie vergessen!) einkalkuliert werden müssen.

14.2.5 Response Set

Unter Response Set werden Antwortmuster verstanden, die unabhängig vom Inhalt der Frage sind. So bevorzugen viele Menschen bei Likert-Skalen die Mittelkategorie. Andererseits gibt es auch »Ja-Sage-Tendenzen«. Letztere lassen sich durch unterschiedliches Polen der Antworten zumindest erkennen [155]. Kurz gehaltene Fragebögen helfen, Ermüdung zu vermeiden und damit einhergehende »Abkürzungen«.

14.2.6 Betreuungs-Bias

Bei innovativen Versorgungsformen erfahren Patienten oft eine längere und intensivere Zuwendung, sei dies durch das Personal in kooperierenden Einheiten oder durch Studienpersonal. Auch der anfängliche (!) Enthusiasmus, der sich mit einer Neuerung verbindet, kann auf die Patienten »abfärben«. Wenn die Behandlungszufriedenheit gemessen wird, wird sich dies natürlich bemerkbar machen. Hier muss dann mit kritischer Interpretation entschieden werden, ob es sich um spezifische (die Innovation) oder unspezifische (mehr Zuwendung) Effekte handelt, bzw. in wie weit sich die Ergebnisse auf die spätere innovative Routineversorgung übertragen lassen. Die optimale Lösung besteht darin, im Studiendesign dafür zu sorgen, dass das Maß der Zuwendung (unspezifischer Effekt) in sämtlichen Studienarmen identisch ist; allerdings ist dies nicht immer realistisch umzusetzen.

Betreuungseffekte können auch Größen beeinflussen, mit denen die Schwere der Erkrankung erfasst werden soll. Dies kann v. a. bei subjektiven Größen, wie der Lebensqualität, ein Problem darstellen. Hier kann sich eine vermehrte Zuwendung in verbesserten Bewertungen niederschlagen, obwohl die Alltagserfahrung des Patienten (Beschwerden, körperliche Funktion, soziale Integration) sich eigentlich gar nicht verbessert hat.

14.2.7 Interviewerbias

Es herrscht ein Unterschied in der Bewertung von Studienresultaten, gerade dann, wenn der Beurteiler von der eigenen Gruppenzugehörigkeit beeinflusst wird und die Bewertung einen gewissen Ermessensspielraum zulässt.

Beispiel
An zwei verschiedenen Schulen soll herausgefunden werden, ob im Rahmen der allgemeinen Gesundheitsförderung Joggen oder Schwimmen auf breitere Akzeptanz unter den Schülern stößt. Der Untersucher ist selber passionierter Schwimmer und bewertet die Antworten der einzelnen Schüler mittels einer kontinuierlichen Skala von 0 (keine Akzeptanz) bis 10 (hohe Akzeptanz) Punkten, wobei er unabsichtlich aufgrund seiner eigenen Haltung die Akzeptanz des Schwimmens höher bewertet.

14.2.8 Attrition-Bias

Im Deutschen könnte man auch von »Abnutzungs-Bias« sprechen. Bei Stichproben, die über längere Zeit verfolgt werden (sog. Kohorten) treten meist Verluste an Teilnehmern auf. Dies bezieht sich in der Versorgungsforschung nicht nur auf Patienten, die nicht mehr motiviert oder erreichbar sind, sondern auch auf teilnehmende Einheiten. Als Konsequenz ergeben sich »fehlende Werte« bei der Auswertung. Dies stellt zumindest einen unsystematischen Fehler dar, d. h. die statistische Aussage wird weniger sicher sein, da die Stichprobe kleiner geworden ist. Da man aber davon ausgehen muss, dass die ausscheidenden Patienten oder Einheiten sich von den in der Studie verbleibenden unterscheiden, entstehen durch Verluste meist auch systematische Fehler. So ist es z. B. möglich, dass die vor allem unzufriedenen und schwerer erkrankten Patienten bei der letzten Befragung nicht mehr erreicht wurden.

14.2.9 Grenzen der Verblindung

In der klinischen Forschung hat sich der Standard der vierfach verblindeten Studie weitgehend durchgesetzt. Um eine differenzielle Behandlung (Intervention) oder Beurteilung (Messung, z. B.

vom Zielkriterium) zu vermeiden, sollen folgende Parteien nicht wissen, welchem Studienarm der Patient angehört:

- der Patient,
- sein behandelnder Arzt bzw. das Behandlungsteam,
- Beobachter, d. h. Personen, die den Auftrag haben, Daten zum Behandlungserfolg zu erheben; dies können Prüfärzte, aber auch Studienpersonal sein,
- der auswertende Statistiker, der beim Vergleich der Studienarme nicht weiß, welches der Prüf- und welches der Kontrollarm ist.

Bei einer Medikamentenstudie mit identischem Plazebo lassen sich diese Bedingungen gut einhalten. In der interventionellen Versorgungsforschung dagegen stößt man auf große Schwierigkeiten. Oft werden Einheiten randomisiert, sodass Patienten und Teams sich über die Zuordnung im Klaren sind. Nur bei davon separater Datenerhebung lässt sich eine Verblindung sichern, indem z. B. Befragungen über Lebensqualität oder bestimmte Prozesse von Studienpersonal durchgeführt werden, das die Zuordnung nicht kennt.

Der auswertende Statistiker sollte einem zuvor aufgestellten Auswertungsplan folgen und kann für die Auswertung des Hauptzielkriteriums verblindet werden. Allerdings erfordert die Komplexität von Versorgungsdaten meist zusätzliche Auswertungen, für die eine Verblindung meist nicht realistisch ist. Hier ist allerdings die Gefahr hoch, datengesteuert zu falschen Schlussfolgerungen zu kommen (»data dredging«).

14.2.10 Verständlichkeit

Im Vergleich zu professionellen Gruppen bringt die Befragung von Patienten zusätzlich Variabilität in die Untersuchung. Bildungsstand, kultureller Hintergrund, Intelligenz, Lesekompetenz, Verständnis von medizinischen Zusammenhängen und Persönlichkeitsstruktur variieren in viel stärkerem Maße als z. B. bei einer Gruppe von medizinischen Fachangestellten.

Die Auswirkung auf die Validität der Erhebung lässt sich durch folgende Maßnahmen reduzieren:

- Mündliche Befragung (auch telefonisch) statt schriftlichem Fragebogen: Sprachkompetenz ist weiter verbreitet als Lesekompetenz, außerdem ist hier individuelle Anpassung möglich (Wiederholung, deutliches Sprechen, Erläuterungen).
- Einfache und klare Formulierung, Vermeidung abstrakter Begriffe und hypothetischer Vorstellungen.
- Reduktion der Datenmenge auf das Minimum.

Qualitätssicherung

Wissenschaftliches Arbeiten besteht per definitionem im Bemühen um Qualität; die von einer Forscher-Gemeinde (explizit oder implizit) akzeptierten Standards werden nachvollziehbar berücksichtigt. Dies geschieht beispielsweise durch die Veröffentlichung von Studienprotokollen oder die Publikationen von Ergebnissen mit daran anschließender Diskussion in der Fach- oder gar allgemeinen Öffentlichkeit. Die in diesem Kapitel diskutierten einzelnen Maßnahmen beziehen sich v. a. auf die *Implementierung* des Studiendesigns.

15.1 Qualitätsanforderungen

Qualitätsanforderungen, die unabhängig von der jeweiligen Fragestellung, des Studiendesigns und der angewandten Methode gelten, ergeben sich vor allem aus den ethischen Prinzipien wie sie beispielsweise der Weltärztebund 1964 in der Deklaration von Helsinki erstmals für die medizinische Forschung am Menschen formuliert und seitdem kontinuierlich weiter entwickelt hat:

Demzufolge müssen Studienteilnehmer vor Beginn einer Studie über Ziele, Zweck, Mittel und mögliche Konsequenzen aufgeklärt werden; die Teilnahme ist stets freiwillig bzw. bedarf der expliziten Einwilligung. Das Forschungsvorhaben selbst ist in einem detaillierten Versuchsplan darzulegen und zu begründen. Ein Votum durch eine unabhängige Ethikkommission ist obligat. In ähnlicher Weise formulierte 1978 die »Nationale Kommission zum Schutz von Versuchspersonen in der biomedizinischen und der Verhaltensforschung« (National Commission for the Protection of Human Subjects of Biomedical and Behavioral Research) im Belmont-Report drei forschungsethische Prinzipien [156]:

- das Prinzip der Achtung der Menschenwürde,
- das Prinzip der Benefizienz (Pflicht, niemandem zu schaden, Risiken zu minimieren und Nutzen zu maximieren) und
- das Prinzip der Gerechtigkeit.

Abhängig vom Ziel oder Design einer Studie finden sich im Weiteren hinsichtlich ihres Inhaltes und vor allem Detaillierungsgrades sehr unterschiedliche Qualitätsanforderungen.

Für die Planung, Durchführung und Auswertung von therapeutischen und speziell von Studien zur klinischen Prüfung/Zulassung von Arzneimitteln existieren vielfältige und sehr konkrete Qualitätsanforderungen:

- ICH-Richtlinien
  Das Bemühen um eine international einheitliche Vorgehensweise in der Arzneimittelzulassung führte 1990 zur International Conference of Harmonization (ICH). Sie ist ein Gemeinschaftsprojekt von Zulassungsbehörden und der pharmazeutischen Industrie in Europa, Japan und den USA [4]. Die Richtlinien geben Qualitätsvorgaben zu unterschiedlichen Aspekten bei der Durchführung klinischer Studien wie statistischen Analysen, Datenmanagement, Abfassung von Berichten. Die Richtlinie »E6 Good Clinical Practice« formuliert Regeln und Prinzipien für die Planung, Durchführung, Dokumentation und Auswertung klinischer Studien.
- Internationale Rechtsnormen wie die Richtlinie der Europäischen Gemeinschaft 2001/20/EG oder nationale Rechtsnormen wie das Arzneimittelgesetz (AMG), das Medizinproduktegesetz (APG) oder die »Verordnung über die Anwendung der Guten Klinischen Praxis bei der Durchführung von klinischen Prüfungen mit Arzneimitteln zur Anwendung am Menschen« (GCP-Verordnung – GCP-V) formulieren ebenfalls umfangreiche Qualitätsanforderungen an klinische Studien.

Diese Regelwerke sind sehr umfassend, ihre Umsetzung geht mit einem hohen Aufwand einher. Eine simple und nicht durchdachte Übertragung auf andere Studientypen bzw. Studien zur Untersuchung nicht-pharmakologischer Maßnahmen ist nicht sinnvoll.

Neben ethischen und gegebenenfalls rechtlichen sind es vor allem methodische Qualitätsanforderungen, die von besonderem Interesse sind. Es ist heute unbestritten, dass die methodische Qualität einer Studie ihre interne und externe Validität und damit ihren wissenschaftlichen Wert bestimmt.

In Abhängigkeit von Fragestellung bzw. Studientyp haben verschiedene Initiativen Leitlinien erarbeitet, wie Studienergebnisse zu publizieren sind.

◘ Tab. 15.1 Initiativen zur Verbesserung der Berichterstattung von Studien

Studientyp	Statement/Initiative	Verfügbarkeit
Übergreifend	EQUATOR Network Übergreifendes Netzwerk Enhancing the quality and transparency of health research	http://www.equator–network.org/
Therapiestudien	CONSORT Consolidated standards of reporting trials	http://www.consort–statement.org/home/ Erweiterungen unter http://www.consort-statement.org/extensions/
Übersichtsarbeiten zu Therapiestudien	PRISMA Preferred Reporting Items for Systematic Reviews and Meta-Analyses	http://www.prisma–statement.org/
Beobachtungsstudien	STROBE Strengthening the reporting of observational studies in epidemiology.	http://www.strobe-statement.org/
Übersichtsarbeiten zu Beobachtungsstudien	MOSE Meta-analysis of observational studies in epidemiology	http://www.equator-network.org/resource-centre/library-of-health-research-reporting/reporting-guidelines/systematic-reviews-and-meta-analysis/
Diagnosestudien	STARD Standards for the reporting of diagnostic accuracy studies	http://www.stard–statement.org/
Studien zu qualitätsverbessernden Interventionen im Gesundheitswesen	SQUIRE Standards for Quality Improvement Reporting Excellence	http://www.squire-statement.org/

Diese zielen darauf ab, die Berichterstattung von Studien zu vereinheitlichen und damit ein wesentliches Qualitätskriterium von Studien zu fördern: die Transparenz und Nachvollziehbarkeit. Angesichts einer Vielzahl von methodischen Vorgehensweisen, von denen nicht immer eindeutig gesagt werden kann, welche die qualitativ bessere ist, und angesichts andauernder methodischer Diskussionen ist die Transparenz der Vorgehensweise oft die zentrale Qualitätsanforderung an eine Studie. ◘ Tab. 15.1 zeigt eine Übersicht über die verschiedenen Initiativen.

15.2 Maßnahmen der Qualitätssicherung

Maßnahmen der Qualitätssicherung lassen sich grob unterteilen in solche, die Fehler vermeiden sollen (präventive Maßnahmen) und solche, die dazu dienen Fehler zu erkennen (Qualitätskontrollen) bzw. zu beheben (kurative Maßnahmen).

15.2.1 Präventive Maßnahmen

Wesentliches Merkmal eines effektiven Qualitätsmanagements ist, dass nicht erst am Ende überprüft wird, ob die erforderliche Qualität erreicht wurde, sondern Qualitätsüberlegungen bereits in der Planungsphase eine zentrale Rolle spielen. Dazu gehört, dass im Studienprotokoll alle wesentlichen Arbeitsschritte begründet und beschrieben werden, inklusive einer exakten Angabe der Zuständigkeiten.

Hierzu gehört weiter, dass die Qualitätsanforderungen, die erfüllt werden sollen, klar und überprüfbar beschrieben werden. Weiter muss im

Vorfeld festgelegt werden, wer wann welche Qualitätskontrollen durchführt und wie im Falle einer nicht erreichten Qualität (z. B. fehlende Daten) verfahren wird.

Beispiele für präventive Maßnahmen sind:
- Die angemessene Schulung aller Beteiligten über Sinn und Zweck der Studie, vor allem aber über die jeweiligen Aufgaben.
- Die Überprüfung, ob der geplante Studienablauf tatsächlich praktikabel ist (Pilotstudie).
- Das Studienprotokoll, das allen Beteiligten (z. B. Prüfärzten, Praxismitarbeitern) zugänglich ist und aus dem genau hervorgeht, was sie wann in welcher Weise zu tun haben.
- Studienteilnehmer (Probanden, Prüfärzte etc.) müssen bei Fragen jederzeit kompetente Ansprechpartner haben und auch genau wissen, wie sie diese erreichen können.
- Verankerung von Qualitätskontrollen im Studienprotokoll.

15.2.2 Qualitätskontrollen und kurative Maßnahmen

Grundsätzlich lassen sich zwei Arten der Qualitätskontrolle unterscheiden: interne und externe Qualitätskontrollen.

Interne Qualitätskontrollen werden durch Studienmitarbeiter, in der Regel durch Studienmonitore durchgeführt. Grundsätzliches Ziel ist es, zu überprüfen, ob die Vorgaben des Studienprotokolls erfüllt werden.

Wichtige **Fragestellungen** sind beispielsweise:
- Wurden die Ein- und Ausschlusskriterien angemessen berücksichtigt?
- Ist die Aufklärung und Einwilligung der Teilnehmer in der zuvor festgelegten Form dokumentiert?
- Sind die entsprechenden Formulare vollständig, leserlich und inhaltlich korrekt ausgefüllt?
- Stimmt die Studiendokumentation mit den Quelldokumenten/Krankenakte überein?
- Datenverifizierung. Hierbei werden die Daten durch einfache visuelle oder aber computerunterstützte Kontrollen auf Vollständigkeit, Konsistenz und Plausibilität überprüft [4].

Zentral ist eine schnelle Rückmeldung an die Beteiligten, um einerseits eine zügige Verbesserung der Qualität zu erreichen und andererseits zu signalisieren, dass die Qualität auch eine Rolle spielt.

Externe Qualitätskontrollen durch Audits etwa von Zulassungsbehörden sind bei Arzneimittelstudien vorgeschrieben. Hintergrund ist, dass die Durchführung der Studien vor dem Zulassungsverfahren verschiedener Länder Bestand haben muss. Bei Studien aus dem Bereich der Versorgungsforschung sind sie nicht üblich und wahrscheinlich auch zu aufwendig, obwohl sie natürlich die Glaubwürdigkeit und Transparenz einer Studie erhöhen würden.

Ein wesentliches Qualitätsmerkmal aller Forschung ist Transparenz. Hierzu gehört, dass Abweichungen vom Studienprotokoll dokumentiert werden. Das gilt im Besonderen auch für Entscheidungen, die im Verlauf der Studie getroffen werden und sich auf den Ablauf bzw. die Ergebnisse auswirken. Unnötige bzw. letztlich nicht mehr leistbare Bürokratie gilt es zu vermeiden, dennoch sollte eine Studie zumindest in ihren Grundzügen auch im Nachhinein nachvollziehbar sein.

Ethische und rechtliche Probleme

16.1 Qualitätsförderung oder wissenschaftliche Studie?

Bei den hier behandelten Studien gelten die üblichen ethischen und rechtlichen Maßstäbe für Untersuchungen am Menschen, wie z. B. die Deklaration von Helsinki und die Datenschutzgesetze der Länder. Grundsätzlich sollte das Protokoll einer Evaluationsstudie einer Ethikkommission zur Beratung vorgelegt werden.

Problematisch kann allerdings die Frage nach der individuellen, ausdrücklichen Aufklärung und Einwilligung eines jeden Studienpatienten in die Verwendung seiner Daten sein. Im Bereich der Versorgungsforschung gibt es hier tatsächlich eine Grauzone. Folgende Beispiele mögen das Spektrum verdeutlichen.

Die Abteilungsleitungen der Inneren Medizin, Chirurgie und Anästhesie beschließen, für ein halbes Jahr die Infektionsraten (lokal und systemisch [Kathetersepsis]) bei zentralen Venenzugängen zu erfassen. Dazu wird bei jedem Zugang ein Protokoll angefertigt (Formular), das bis zum Ziehen des Katheters weitergeführt wird. Die Daten (einschließlich der Krankenhaus-ID) werden in eine Datenbank eingegeben und nach einem halben Jahr mit einfachen Statistiken ausgewertet. Eine Arbeitsgruppe mit Vertretern der o. g. Abteilungen diskutiert Maßnahmen, um die Rate der Infektionen zu senken.

In diesem Beispiel würde man wohl keine ausdrückliche Aufklärung und Einwilligung der Patienten fordern. Es werden keine projektbedingten Handlungen am Patienten vorgenommen, da die Indikation jeweils nach individuellen klinischen Gesichtspunkten gestellt wird. Das spezielle Protokoll ist als Teil eines systematischen Qualitätsmanagements zu sehen, zu dem der Patient implizit seine Einwilligung gibt, wenn er den Behandlungsvertrag mit dem Krankenhaus schließt. Dasselbe gilt für Konsile und Falldiskussionen während der Visite.

Das o. g. Beispiel war eine reine Beobachtungsstudie. Wie ist die Situation bei Interventionsstudien zu beurteilen, bei denen bestimmte Handlungen von einem Studienprotokoll festgelegt werden?

Aktuell wurde ein solcher Fall in den Vereinigten Staaten diskutiert. Wissenschaftler der Johns Hopkins University hatten ein Qualitätsprojekt koordiniert, das die Reduktion von Katheter-Infektionen in 67 Krankenhäusern zum Ziel hatte. Es wurde ein Protokoll evaluiert, das fünf Element beinhaltete: Händewaschen des Operators, steriler Mantel, Handschuhe und Maske, Chlorhexidin für die Hautdesinfektion, Vermeidung der V. Femoralis so weit wie möglich, frühzeitiges Entfernen von nicht mehr nötigen Kathetern. Das Personal wurde entsprechend trainiert, außerdem wurde routinemäßig eine Checkliste mit den o. g. Punkten eingesetzt. Das Ergebnis war ein dramatischer Rückgang der Infektionsraten in den beteiligten Krankenhäusern. Während die zuständige Ethikkommission keine Verpflichtung zur individuellen Einwilligung der Patienten sah, strengte die zuständige Behörde nach Publikation der Ergebnisse wegen der fehlenden Einwilligung eine Untersuchung an [157].

Wenn eine Auswertung auf eine Publikation zielt, geht es um allgemein verwertbares Wissen. Eine solche Verwendung ist durch individuelle Behandlungsverträge grundsätzlich nicht gedeckt. Versorgungsforscher diskutieren trotzdem häufig, ob eine individuelle Aufklärung und Einwilligung erforderlich ist; wegen der Störung des üblichen Behandlungsablaufes und möglichem Bias (Hawthorne-Effekt) wird oft der Wunsch geäußert, dieses Erfordernis zu umgehen.

Folgende Fragen können helfen, die Notwendigkeit einer Aufklärung und Einwilligung abzuklären:

- Welche Daten werden im Rahmen der Studie verarbeitet: Routinedaten (werden auch unabhängig von der Studie erhoben) oder spezifisch für die Studie erforderliche Daten?
- Gehen nur anonymisierte oder gar aggregierte Daten in die Auswertung ein?
- Bedingt die Umsetzung des Studienprotokolls für den Patienten Risiken, die sonst nicht aufgetreten wären?
- Sind die Rechte und das Wohlergehen der jeweiligen Patienten betroffen?
- Wer ist die Einheit der Beobachtung: der Patient oder der Leistungserbringer (einzelne Personen/Team/Praxis/Krankenhaus usw.)?

Wenn das eigentliche Studienobjekt die Leistungserbringer sind, Routinedaten anonymisiert und/oder aggregiert werden, weder studienbedingte diagnostische oder therapeutische Handlungen vorgenommen werden, noch die Rechte oder das Wohlbefinden der Patienten tangiert werden, ist ein Erlass der Pflicht zur individuellen Aufklärung und Einwilligung durch die Ethikkommission möglich.

Natürlich haben Wissenschaftler, die eine Studie der interventionellen Versorgungsforschung planen, sehr oft Praktikabilitätsgesichtspunkte im Sinn. Aufklärung und schriftliche Einwilligung der Patienten benötigen Zeit; während die Mitarbeiter einer Praxis oder einer Klinik vielleicht noch zu einer kurzen Dokumentation pro Fall bereit sind, erlischt wegen der Patientengespräche die Motivation zur Mitarbeit. Selbst wenn diese vorhanden ist, mag man sich fragen, ob die Abläufe durch die Studie so verändert werden, dass der Erkenntniswert nur noch gering ist.

Allerdings sind diese Gesichtspunkte aus ethischer und rechtlicher Sicht kaum einschlägig; der Schutz des Patienten – und dazu gehören auch personenbezogene Daten – hat hier eindeutig Vorrang.

Wenn es um Studien geht, die sich nicht mit der Prüfung von Medikamenten befassen (Beobachtungsstudien, Versorgungsforschung), kann folgender Musterantrag hilfreich sein:

Musterantrag der Arbeitsgruppe »Epidemiologie« des Arbeitskreises Medizinischer Ethikkommissionen in der Bundesrepublik Deutschland (z. B. unter: http://www.gmds.de/fachbereiche/epidemiologie/publikationen.php, zuletzt aufgerufen am 10.09.09).

16.2 Spezielle Probleme cluster-randomisierter Studien

Bisher fehlen verbindliche ethische Leitlinien für cluster-randomisierte Studien [75]. Da hier sowohl Gesundheitspersonal als auch Patienten die Studienobjekte darstellen, sind beide gesondert aufzuklären und um Einwilligung zu bitten. Ethikkommissionen verlangen deshalb die Vorlage von separaten Aufklärungen und Einwilligungsformularen für Personal/Ärzte und Patienten. Bei medizinischen Leistungserbringern ist im Einzelfall zu klären, ob die Individuen (Mitarbeiter einer Praxis, Station, Klinik usw.), die Einheit (damit die verantwortliche Leitung) oder beide Ebenen getrennt das Einverständnis erklären sollen.

Patienten sind in jedem Fall über die vorgesehene Datenerhebung und –verwertung aufzuklären. Fraglich ist jedoch, ob dies auch für die Intervention gelten soll, die ja primär auf die behandelnden Gesundheits-Dienstleister zielt.

Exkurs: realistische Evaluation

Zum Schluss soll noch ein Paradigma der Evaluation komplexer Interventionen vorgestellt werden, das zwar vor allem für den Sozial-, Erziehungs- und Justizvollzugs-Bereich entwickelt wurde, aber auch für das Gesundheitswesen von Bedeutung ist [155].

Die großen Metaanalysen von Experimenten zur kompensatorischen Erziehung und zur Reform des Strafvollzugs haben wie auch andere komplexe soziale Interventionen keine klare Schlussfolgerung erlaubt; in manchen Einheiten (Schulen, Bezirken, Gefängnissen) fällt eine innovative Maßnahme auf fruchtbaren Boden, und engagierte Umsetzer sorgen für positive Ergebnisse. An anderen Orten jedoch verhindern Gleichgültigkeit oder entgegenstehende Interessen eine Veränderung, oft verschlechtern sich sogar die relevanten Outcomes. Pawson und Tilley ziehen daraus den Schluss, dass ein generelles Urteil »Intervention X ist wirksam [oder auch nicht]« keinen Sinn macht. Zu komplex sind die Abläufe, die das Ziel der hier diskutierten Eingriffe sind; lokale Gegebenheiten und Ressourcen, soziale Netzwerke und individuelle »Change Agents« bestimmen den Erfolg, ohne dass ihre Einwirkung ausreichend erfasst werden könnte.

Trotzdem postulieren Pawson und Tilley, dass wir aus den Evaluationen von Interventionen lernen können bzw. verallgemeinerungsfähige Erkenntnisse sich gewinnen lassen. Diese sind allerdings von ganz anderer Form als allgemeine Wirksamkeitsstatements, ihre Struktur ist in ◘ Abb. 17.1 wiedergegeben. Dazu gehören:

- Regelhaftigkeit (regularity) – ein Verständnis von routinemäßigen Abläufen, die u. U. als veränderungswürdig empfunden werden
- Kontext – Einbeziehung des Umfelds, auf das die Maßnahme trifft (Mikro- und Makro-Ebene)
- Mechanismus – Eingriff und die dadurch herbeigeführten Veränderungen in der betrachteten Einheit.

Nur in dieser »Trias« machen Aussagen über Auswirkungen, Erfolg oder Scheitern, begünstigende oder hemmende Faktoren Sinn; das Vorgehen von Intervention, Evaluation, Lernen aus einer Maßnahme und entsprechend verändertem Vorgehen ist oft iterativ.

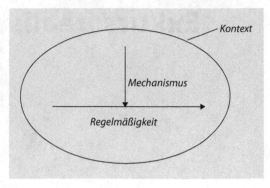

◘ **Abb. 17.1** Dimensionen verallgemeinerungsfähiger Erkenntnisse, die sich aus Evaluationen gewinnen lassen

Damit seien Interventionen und Programme bzw. Aussagen über ihre Wirksamkeit nicht mehr als solche transferierbar (externe Validität); das sich aus Untersuchungen im Sinne der »Realistischen Evaluation« ergebende Wissen hat eher die Struktur von »Rezepten« für Programmverantwortliche, Teilnehmer, Evaluatoren, die immer auf den Einzelfall abzustimmen sind. Dabei sind durchaus auch allgemeine theoretische Aussagen möglich; diese beziehen sich jedoch eher auf Reaktionen und Bedingungen als auf die generelle Wirksamkeit von Maßnahmen.

Schon wegen seiner feinen Ironie und der Breite der dargestellten Erfahrungen ist das Werk von Pawson und Tilley lesenswert. Bei der Lektüre wird deutlich, dass die unserem Buch zu Grunde liegende Einstellung geprägt ist vom »experimentellen Paradigma« der Medizin, wie es sich vor allem im inzwischen als Norm akzeptierten Design der randomisierten kontrollierten Studie zeigt. Ob dies ein zukunftsfähiges Forschungs-Paradigma für die interventionelle Versorgungsforschung darstellt, werden wir uns immer wieder fragen müssen. Bei der Beantwortung dieser Frage sollte die Produktivität im Sinne umsetzbarer Erkenntnisse der Maßstab sein.

Literatur

1   Schön DA. Educating the Reflective Practitioner. San Francisco: Jossey-Bass Inc 1987
2   Andre M, Borgquist L, Foldevi M, Molstad S. Asking for ‚rules of thumb': a way to discover tacit knowledge in general practice. Fam Pract 2002; 19: 617–22
3   Campbell M, Fitzpatrick R, Haines A, Kinmonth AL, Sandercock P, Spiegelhalter D et al. Framework for design and evaluation of complex interventions to improve health. BMJ 2000; 321: 694–6
4   Schumacher M, Schulgen G. Methodik klinischer Studien. Methodische Grundlagen der Planung, Durchführung und Auswertung. Berlin: Springer, 2007
5   Haynes RB, Sackett DL, Guyatt GH, Tugwell P. Clinical Epidemiology. How to Do Clinical Practice Research. Philadelphia: Lippincott, Williams & Wilkins, 2006
6   Hulley SB et al. Designing Clinical Research. An Epidemiologic Approach. Philadelphia: Lippincott Williams & Wilkins, 2001
7   Streiner DL. Health Measurement Scales. A practical guide to their development and use. Oxford: OUP; 2003, 2003
8   Denzin NK, Lincoln YS. Handbook of Qualitative Research. Thousand Oaks (CA): Sage Publications 1994
9   Miles MB, Hubermann AM. Qualitative Data Analysis, 2nd edn. Thousand Oaks (CA): Sage Publications 1994
10 Kuckartz U. Einführung in die computergestützte Analyse qualitativer Daten. Wiesbaden: VS Verlag für Sozialwissenschaften 2007
11 Fink A. The Survey Kit. Thousand Oaks (CA): Sage, 1995
12 Helfferich C. Die Qualität qualitativer Daten. Manual für die Durchführung qualitativer Interviews. VS Verlag für Sozialwissenschaften 2005
13 Donner-Banzhoff N. Zu neuen Ufern. Leitfaden der ärztlichen Fortbildung. Bern: Verlag Hans Huber, 2005
14 Power R, Langhaug LF, Nyamurera T, Wilson D, Bassett MT, Cowan FM. Developing complex interventions for rigorous evaluation–a case study from rural Zimbabwe. Health Educ Res 2004; 19: 570–5
15 Stockmann R. Evaluationsforschung. Grundlagen und ausgewählte Forschungsfelder. Opladen: Leske+Budrich (2. Aufl.), 2004
16 Donner-Banzhoff N, Schrappe M, Lelgemann M. [A guide to the critical reflection of health services research studies]. Z Ärztl Fortbild Qualitatssich 2007; 101: 463–71
17 Hamm RM. Clinical intuition and clinical analysis: Expertise and the Cognitive Continuum. Cambridge: Cambridge University Press, 1988
18 Hogarth RM. Educating Intuition. Chicago: University of Chicago Press, 2001
19 Schmidt HG, Norman GR, Boshuizen HPA. A Cognitive Perspective on Medical Expertise: Theory and Implications. Academic Medicine 1990; 65: 611–21
20 Boreham NC. Models of Diagnosis and their Implications for Adult Professional Education. Studies in the Education of Adults 1988; 20: 95–108

21 Becker A, Chenot JF, Niebling W, Kochen MM. [Guidelines for back pain.]. Z Orthop Ihre Grenzgeb 2004; 142: 716–9
22 Rogers EM. Diffusion of Innovations. New York: The Free Press (4. Aufl.), 1995
23 Armstrong D, Reyburn H, Jones R. A study of general practitioners' reasons for changing their prescribing behaviour.-52
24 Headrick LA, Wilcock PM, Batalden PB. Interprofessional working and continuing medical education. BMJ 1998; 316: 771–4
25 Boreham NC. Collective professional knowledge. Med Educ 2000; 34: 505–6
26 In Easterby-Smith M, Araujo L, Burgoyne J. Organizational Learning: Current Debates and Opportunities. Organizational Learning and the Learning Organization. Developments in Theory and Practice. London: Sage, 1999
27 Fox RD, Bennett NL. Learning and change: implications for continuing medical education. BMJ 1998; 316: 466–8
28 Greenhalgh T, Robert G, Macfarlane F, Bate P, Kyriakidou O. Diffusion of Innovations in Service Organizations: Systematic Review and Recommendations. Milbank Quarterly, 2004
29 Donner-Banzhoff N, Baum E, Basler HD. Die Dissemination von Innovationen – Probleme und Lösungen am Beispiel des Transtheoretischen Modells. In Keller, S. (Hrsg) Motivation zur Verhaltensänderung – Das Transtheoretische Modell in Forschung und Praxis., Freiburg: Lambertus, 1999
30 West R, Sohal T. »Catastrophic« pathways to smoking cessation: findings from national survey. BMJ 2006; 332: 458–60
31 Ajzen I. From intentions to actions: A theory of planned behavior. In Kuhl J, Beckmann J, eds. Action control: From cognition to behavior, pp 11–39. New York: Springer, 1985
32 Ajzen I, Fishbein M. Understanding the attitudes and predicting social behavior. Englewood Cliffs, New Jersey: Prentice-Hall Inc 1980
33 Bandura A. Self-efficacy: The exercise of control. New York: W. H. Freeman, 1997
34 Bandura A. Social learning theory 1977
35 Francis J, Eccles M, Johnston M, Walker A, Grimshaw J, Foy R et al. Constructing questionnaires based upon the Theory of Planned Behaviour. Newcastle Upon Tyne, United Kingdom: ReBECI, 2004
36 Armitage CJ, Conner M. Efficacy of the Theory of Planned Behaviour: a meta-analytic review. Br J Soc Psychol 2001; 40: 471–99
37 Biddle S, Nigg C. Theories of exercise behavior. International Journal of Sport Psychology 2000; 31: 290–304
38 Bennett P, Bozionelos G. The theory of planned behaviour as predictor of condom use: A narrative review. Psychology Health & Medicine 2000; 5: 307–26
39 Krones T, Keller H, Becker A, Sonnichsen A, Baum E, Donner-Banzhoff N. The theory of planned behaviour in a randomized trial of a decision aid on cardiovascular risk prevention. Patient Educ Couns 2010; 78: 169–76

40 Lugtenberg M, Zegers-van Schaick JM, Westert GP, Burgers JS. Why don't physicians adhere to guideline recommendations in practice? An analysis of barriers among Dutch general practitioners. Implement Sci 2009; 4: 54

41 Festinger Leon. A Theory of Cognitive Dissonance. Stanford University Press, 1957

42 Petty R., Cacioppo J. Communication and persuasion. Central and peripheral routes to attitude change. New York: Springer Verlag, 1986

43 Wells GL, Petty Richard E. The Effects of Over Head Movements on Persuasion: Compatibility and Incompatibility of Responses. Basic and Applied Social Psychology 1980; 1: 219–30

44 Grimshaw JM, Russell IT. Effect of clinical guidelines on medical practice: a systematic review of rigorous evaluations. Lancet 1993; 342: 1317–22

45 Grol R, Dalhuijsen J, Thomas S, Veld C, Rutten G, Mokkink H. Attributes of clinical guidelines that influence use of guidelines in general practice: observational study. BMJ 1998; 317: 858–61

46 Lomas J. Teaching Old (and Not So Old) Docs New Tricks: Effective Ways to Implement Research Findings. In Dunn EVeal (ed) Disseminating Research/Changing Practice., Thousand Oaks (CA): Sage, 1994

47 Davis DA, Thomson MA, Oxman AD, Haynes RB. Evidence for the effectiveness of CME. A review of 50 randomized controlled trials. JAMA 1992; 268: 1111–7

48 Oxman AD, Thomson MA, Davis DA, Haynes RB. No magic bullets: a systematic review of 102 trials of interventions to improve professional practice. CMAJ 1995; 153: 1423–31

49 Freudenstein U, Howe A. Recommendations for future studies: a systematic review of educational interventions in primary care settings. Br J Gen Pract 1999; 49: 995–1001

50 Freemantle N, Harvey EL, Wold F, Grimshaw JM, Grilli R, Bero LA. Printed educational materials to improve the behaviour of health care professionals and patient outcomes (Cochrane Review). Oxford: The Cochrane Library. Update Software, 1998

51 Thomson O'Brien MA, Oxman AD, Haynes RB, Davis DA, Freemantle N, Harvey EL. - Local opinion leaders: effects on professional practice and health care outcomes

52 Davis D, O'Brien MA, Freemantle N, Wolf FM, Mazmanian P, Taylor-Vaisey A. Impact of formal continuing medical education: do conferences, workshops, rounds, and other traditional continuing education activities change physician behavior or health care outcomes? JAMA 1999; 282: 867–74

53 Thomson MA, Oxman AD, Davis DA, Haynes RB, Freemantle N, Harvey EL. Outreach visits to improve health professional practice and health care outcomes (Cochrane Review). Oxford: In The Cochrane Library, Update Software 1998

54 Buntinx F, Winkens R, Grol R, Knottnerus JA. Influencing diagnostic and preventive performance in ambulatory care by feedback and reminders. A review. Fam Pract 1993; 10: 219–28

55 Thomson MA, Oxman AD, Davis DA, Haynes RB, Freemantle N, Harvey EL. Audit and feedback to improve health professional practice and health care outcomes, Part I (Cochrane Review). Oxford: In The Cochrane Library, Update Software 1998

56 Shea S, DuMouchel W, Bahamonde L. A meta-analysis of 16 randomized controlled trials to evaluate computer-based clinical reminder systems for preventive care in the ambulatory setting. J Am Med Inform Assoc 1996; 3: 399–409

57 Grilli R, Freemantle N, Minozzi S, Dominghetti G, Finer D. Impact of mass media on health services utilization (Cochrane Review). Oxford: In The Cochrane Library; Update Software 1998

58 Allery LA, Owen PA, Robling MR. Why general practitioners and consultants change their clinical practice: a critical incident study. BMJ 1997; 314: 870–4

59 Martin AR, Wolf MA, Thibodeau LA, Dzau V, Braunwald E. A trial of two strategies to modify the test-ordering behavior of medical residents. N Engl J Med 1980; 303: 1330–6

60 Grol R. Personal paper. Beliefs and evidence in changing clinical practice. BMJ 1997; 315: 418–21

61 Robertson N, Baker R, Hearnshaw H. Changing the clinical behavior of doctors: a psychological framework. Qual Health Care 1996; 5: 51–4

62 Medical audit in general practice. I: Effects on doctors' clinical behaviour for common childhood conditions. North of England Study of Standards and Performance in General Practice. BMJ 1992; 304: 1480–4

63 Craig P, Dieppe P, Macintyre S, Michie S, Nazareth I, Petticrew M. Developing and evaluating complex interventions: the new Medical Research Council guidance. BMJ 2008; 337: a1655

64 Reason P. Three Approaches to Participative Inquiry. Handbook of Qualitative Research. In Denzin NKLYS (ed) pp 324–39. Thousand Oaks (CA): Sage, 1994

65 Sadowski EM, Eimer C, Keller H, Krones T, Sönnichsen AC, Baum E et al. Evaluation komplexer Interventionen: Implementierung von ARRIBA-Herz, einer Beratungsstrategie für die Herz-Kreislaufprävention. Z Allgemeinmed 2005; 81: 429–34

66 Krones T, Keller H, Sonnichsen A, Sadowski EM, Baum E, Wegscheider K et al. Absolute cardiovascular disease risk and shared decision making in primary care: a randomized controlled trial. Ann Fam Med 2008; 6: 218–27

67 Gladwell M. The Tipping Point. How Little Things Can Make A Big Difference. London: Abacus, 2000

68 Rowlands G, Sims J, Kerry S. A lesson learnt: the importance of modelling in randomized controlled trials for complex interventions in primary care. Fam Pract 2005; 22: 132–9

69 Hardeman W, Sutton S, Griffin S, Johnston M, White A, Wareham NJ et al. A causal modelling approach to the development of theory-based behaviour change programmes for trial evaluation. Health Educ Res 2005; 20: 676–87

70 Eldridge S, Spencer A, Cryer C, Parsons S, Underwood M, Feder G. Why modelling a complex intervention is an important precursor to trial design: lessons from studying an intervention to reduce falls-related injuries in older people. J Health Serv Res Policy 2005; 10: 133–42

71 Sackett DL, Haynes RB, Guyatt GH, Tugwell P. Clinical Epidemiology: A basic science for clinical medicine. Boston: Little, Brown and Company, 1991

72 Miller GE. Continuous assessment. Med Educ 1976; 10: 81–6

73 Gerlach FM, Beyer M, Berndt M, Szecsenyi J, Abholz HH, Fischer GC. [The DEGAM-concept–development, dissemination, implementation and evaluation of guidelines for general practice]. Z Arztl Fortbild Qualitatssich 1999; 93: 111–20

74 FM Gerlach, H-H Abholz M Berndt M Beyer GC Fischer P Helmich E Hummers-Pradier MM Kochen K Wahle für den DEGAM-Arbeitskreis ,Leitlinien'. Konzept zur Entwicklung, Verbreitung, Implementierung und Evaluation von Leitlinien für die hausärztliche Praxis. http://www degam de/typo/index php?id=konzeptderleitlinienentwicklung 2009

75 Donner A, Klar N. Design and analysis of cluster randomization trials in health research. London: Arnold, 2000

76 Cosby RH, Howard M, Kaczorowski J, Willan AR, Sellors JW. Randomizing patients by family practice: sample size estimation, intracluster correlation and data analysis. Fam Pract 2003; 20: 77–82

77 Jeyaratnam DF, Whitty CJ FAU, Phillips K, Phillips KF, Liu DF, Orezzi CF, Ajoku UF et al. Impact of rapid screening tests on acquisition of meticillin resistant Staphylococcus aureus: cluster randomised crossover trial

78 Campbell M, Grimshaw J, Steen N. Sample size calculations for cluster randomised trials. Changing Professional Practice in Europe Group (EU BIOMED II Concerted Action). J Health Serv Res Policy 2000; 5: 12–6

79 Campbell MK, Fayers PM, Grimshaw JM. Determinants of the intracluster correlation coefficient in cluster randomized trials: the case of implementation research. Clin Trials 2005; 2: 99–107

80 Gulliford MC, Adams G, Ukoumunne OC, Latinovic R, Chinn S, Campbell MJ. Intraclass correlation coefficient and outcome prevalence are associated in clustered binary data. J Clin Epidemiol 2005; 58: 246–51

81 Chakraborty H, Moore J, Carlo WA, Hartwell TD, Wright LL. A simulation based technique to estimate intracluster correlation for a binary variable. Contemp Clin Trials 2009; 30: 71–80

82 Kerry SM, Bland JM. Sample size in cluster randomisation. BMJ 1998; 316: 549

83 Kerry SM, Bland JM. The intracluster correlation coefficient in cluster randomisation. BMJ 1998; 316: 1455

84 Adams G, Gulliford MC, Ukoumunne OC, Eldridge S, Chinn S, Campbell MJ. Patterns of intra-cluster correlation from primary care research to inform study design and analysis. J Clin Epidemiol 2004; 57: 785–94

85 University of Aberdeen. Health Services Research Unit. http://www abdn ac uk/hsru/research/delivery/behaviour/methodological-research 2010

86 Campbell MK, Thomson S, Ramsay CR, MacLennan GS, Grimshaw JM. Sample size calculator for cluster randomized trials. Comput Biol Med 2004; 34: 113–25

87 Giraudeau B, Ravaud P, Donner A. Sample size calculation for cluster randomized cross-over trials. Stat Med 2008; 27: 5578–85

88 Twisk JWR. Applied multilevel analysis. Cambridge: Cambridge Univ. Press, 2006

89 Campbell MK, Elbourne DR, Altman DG. CONSORT statement: extension to cluster randomised trials. BMJ 2004; 328: 702–8

90 Consort – Transparent reporting of trials. http://www consort-statement org/index aspx?o=1047 2010

91 Eldridge S, Ashby D, Bennett C, Wakelin M, Feder G. Internal and external validity of cluster randomised trials: systematic review of recent trials. BMJ 2008; 336: 876–80

92 Edwards P, Roberts I, Clarke M, DiGuiseppi C, Pratap S, Wentz R et al. Increasing response rates to postal questionnaires: systematic review. BMJ 2002; 324: 1183

93 Stocks N, Braunack-Mayer A, Somerset M, Gunell D. Binners, fillers and filers–a qualitative study of GPs who don't return postal questionnaires. Eur J Gen Pract 2004; 10: 146–51

94 Gray RW, Woodward NJ, Carter YH. Barriers to the development of collaborative research in general practice: a qualitative study. Br J Gen Pract 2001; 51: 221–2

95 Baum E, Donner-Banzhoff N. Beratung nach dem ARRIBA-Herz-Konzept. Der Lipid-Report 2002; 3/4: 55–6

96 Keller S, Nigg CR, Jäkle C, Baum E, Basler HD. Self-efficacy decisional balance and the stages of change for smoking cessation in a German sample. Swiss J Psychol 1999; 58: 101–10

97 Moher D, Schulz KF, Altman DG. The CONSORT statement: revised recommendations for improving the quality of reports of parallel group randomized trials. BMC Med Res Methodol 2001; 1: 2

98 Altman DG, Schulz KF, Moher D, Egger M, Davidoff F, Elbourne D et al. The revised CONSORT statement for reporting randomized trials: explanation and elaboration. Ann Intern Med 2001; 134: 663–94

99 Moher D, Schulz KF, Altman DG. [CONSORT statement. Revised findings on quality improvement based on reports from randomized studies in parallel design]. Schmerz 2005; 19: 156–62

100 Moher D, Simera I, Schulz KF, Hoey J, Altman DG. Helping editors, peer reviewers, and authors improve the clarity, completeness, and transparency of reporting health research. BMC Med 2008; 6: 13

101 Beller EM, Gebski V, Keech AC. Randomisation in clinical trials. Med J Aust 2002; 177: 565–7

102 Patel A, MacMahon S, Chalmers J, Neal B, Billot L, Woodward M et al. Intensive blood glucose control and vascular outcomes in patients with type 2 diabetes. N Engl J Med 2008; 358: 2560–72

103 Lockyer JM, Fidler H, Ward R, Basson RJ, Elliott S, Toews J. Commitment to change statements: a way of understanding how participants use information and skills taught in an educational session. J Contin Educ Health Prof 2001; 21: 82–9

104 Dolcourt JL. Commitment to change: a strategy for promoting educational effectiveness. J Contin Educ Health Prof 2000; 20: 156–63

105 Terwee CB, Bot SD, de Boer MR, van der Windt DA, Knol DL, Dekker J et al. - Quality criteria were proposed for measurement properties of health status questionnaires.-42

106 Kohlmann T, Raspe H. [Hannover Functional Questionnaire in ambulatory diagnosis of functional disability caused by backache]. Rehabilitation (Stuttg) 1996; 35: I-VIII

107 Bullinger M. [Health related quality of life and subjective health. Overview of the status of research for new evaluation criteria in medicine]. Psychother Psychosom Med Psychol 1997; 47: 76–91

108 Kohlmann T, Bullinger M, Kirchberger-Blumstein I. [German version of the Nottingham Health Profile (NHP): translation and psychometric validation]. Soz Praventivmed 1997; 42: 175–85

109 Fahrenberg J, Myrtek M, Wilk D, Kreutel K. [Multimodal assessment of life satisfaction: a study of patients with cardiovascular diseases]. Psychother Psychosom Med Psychol 1986; 36: 347–54

110 Bullinger, M. and Kirchberger, I. SF-36. Fragebogen zum Gesundheitszustand. Handanweisung 1998. Göttingen, Hogrefe

111 Ravens-Sieberer U, Gosch A, Rajmil L, Erhart M, Bruil J, Power M et al. The KIDSCREEN-52 quality of life measure for children and adolescents: psychometric results from a cross-cultural survey in 13 European countries. Value Health 2008; 11: 645–58

112 Wiklund IK, Junghard O, Grace E, Talley NJ, Kamm M, Veldhuyzen vZ et al. Quality of Life in Reflux and Dyspepsia patients. Psychometric documentation of a new disease-specific questionnaire (QOLRAD). Eur J Surg Suppl 1998; 41–9

113 Hofer S, Lim L, Guyatt G, Oldridge N. The MacNew Heart Disease health-related quality of life instrument: a summary. Health Qual Life Outcomes 2004; 2: 3

114 Fleming TR, DeMets DL. Surrogate end points in clinical trials: are we being misled? Ann Intern Med 1996; 125: 605–13

115 Echt DS, Liebson PR, Mitchell LB, Peters RW, Obias-Manno D, Barker AH et al. Mortality and morbidity in patients receiving encainide, flecainide, or placebo. The Cardiac Arrhythmia Suppression Trial. N Engl J Med 1991; 324: 781–8

116 Bucher HC, Guyatt GH, Cook DJ, Holbrook A, McAlister FA. Users' guides to the medical literature: XIX. Applying clinical trial results. A. How to use an article measuring the effect of an intervention on surrogate end points. Evidence-Based Medicine Working Group. JAMA 1999; 282: 771–8

117 Elwyn G, Buetow S, Hibbard J, Wensing M. Measuring quality through performance. Respecting the subjective: quality measurement from the patient's perspective. BMJ 2007; 335: 1021–2

118 Evans RG, Edwards A, Evans S, Elwyn B, Elwyn G. Assessing the practising physician using patient surveys: a systematic review of instruments and feedback methods. Fam Pract 2007; 24: 117–27

119 Becker A, Breyer RW, Kölling W, Sönnichsen A, Donner-Banzhoff N. Kreuzschmerzen in der Praxis: Was tun Allgemeinärzte und was Orthopäden? Zeitschrift für Allgemeinmedizin 2007; 83: 44–50

120 Peabody JW, Luck J, Glassman P, Dresselhaus TR, Lee M. Comparison of vignettes, standardized patients, and chart abstraction: a prospective validation study of 3 methods for measuring quality. JAMA 2000; 283: 1715–22

121 Sielk M, Brockmann S, Spannaus-Sakic C, Wilm S. Do standardised patients lose their confidence in primary medical care? Personal experiences of standardised patients with GPs. Br J Gen Pract 2006; 56: 802–4

122 Hrisos S, Eccles MP, Francis JJ, Dickinson HO, Kaner EF, Beyer F et al. Are there valid proxy measures of clinical behaviour? a systematic review. Implement Sci 2009; 4: 37

123 Maccoby EE, Maccoby N. Das Interview: Ein Werkzeug der Sozialforschung. In König N (ed) Das Interview. Formen-Technik-Auswertung, pp 37–85. Köln, Berlin: Kiepenheuer & Witsch, 1966

124 Flick U. Interviews in der qualitativen Evaluationsforschung. In Flick U (ed) Qualitative Evaluationsforschung. Konzepte-Methoden-Umsetzung, pp 214–32. Reinbeck bei Hamburg: 2006

125 Hopf C. Qualitative Interviews – ein Überblick. In Flick U, von Kardorff E, Steinke I, eds. Qualitative Forschung. Ein Handbuch, pp 349–60. Reinbek bei Hamburg: Rowohlt Taschenbuch Verlag, 2007

126 Nohl A-M. Interview und dokumentarische Methode: Anleitungen für die Forschungsprexis. Wiesbaden: Verl. für Sozialwiss 2006

127 Lamnek S. Qualitative Sozialforschung. Band 2 Methoden und Techniken. Weinheim: Belz. Psychologie Verlags Union, 1995

128 Frey JH, Mertens Oishi S. How to conduct interviews by telefone and in person. Thousand Oaks: SAGE Publications, 1995

129 Hermanns H. Interviewen als Tätigkeit. In Flick U, von Kardorff E, Steinke I, eds. Qualitative Forschung. Ein Handbuch, pp 360–8. Reinbeck bei Hamburg: Rowohlt Taschenbuch Verlag, 2007

130 Mathers N, Fox N, Hunn A. Unsing interviews in a rese-
     arch project. In Wilson A, Williams M, Hancock B, eds.
     Research approaches in primary care, pp 113–34. Oxon:
     Radcliffe Medical Press, 2000
131 Sheatsley PB. Die Kunst des Interviewens. In König N
     (ed) Das Interview. Formen-Technik-Auswertung, pp
     125–41. Köln, Berlin: Kiepenheuer & Witsch, 1966
132 Bureau of applied social research. Das qualitative Inter-
     view. In: König N (ed) Das Interview. Formen-Technik-
     Auswertung, pp 143–59 1966
133 Witzel A. Das problemzentrierte Interview. In Jüttemann
     G (ed) Qualitative Forschung in der Psychologie. Grund-
     lagen, Verfahrensweisen, Anwendungsfelder, pp 227–55.
     Weinheim, Basel: Beltz, 1985
134 Gaus W. Dokumentation und Datenverarbeitung bei
     klinischen Studien. Karlshof: 2003
135 Creswell, J. W. Qualitative inquiry and research design.
     Choosing among five approaches 2007. Thousand Oaks:
     Sage Publications
136 Clandinin, D. J. and Connelly, F. M. Narrative inquiry:
     Experience and story in qualitaive research 2000. San
     Francisco, Jossey-Bass
137 Moustakas, C. Phenomenological research methods
     2009. Thousand Oaks (CA): Sage
138 van Manen, M. Researching lived expierence: Human
     sience for an action sensitive phenomenology 1990.
     Albany, Sate University of New York Press
139 Glaser, B. G. and Strauss, A. The discovery of grounded
     theory 1967. Chicago, Aldine
140 Strauss, A. and Corbin, J. Basics of qualitative research:
     Grounded theory procedures and techniques (2nd ed)
     1998. Newbury Park, CA: Sage
141 Charmaz, K. Constructing grounded theory 2006. Lon-
     don, Sage
142 Atkinson, P., Coffey, A., Delamont, S. Key terms in quali-
     tative research: Continuities and changes 2009. Walnut
     Creek, CA: AltaMira
143 Wolcott, H. F. Ethonography: A way of seeing. Walnut
     Creek 1999. CA: AltaMira
144 Stake, R. The art of case study research 1995. Thousand
     Oaks, CA: Sage
145 Yin, R. K. Case study research: Design and method 2003.
     Thousand Oaks, CA: Sage
146 Ludwig-Mayerhofer. ILMES-Internet Lexikon 2008.
     http://www lrz-muenchen de/~wlm/ein_voll htm, July
     2007
147 Strauss, A. Qualitative research for social scientists 1987.
     Cambridge, Cambridge University Press
148 Flick U. [Qualitative research in social psychiatry–met-
     hods and applications]. Psychiatr Prax 1995; 22: 91–6
149 Flick U, Kardorff Ev, Keupp H, Rosenstiel Lv, Wolf S.
     Handbuch Qualitativer Sozialforschung – Grundlagen,
     Konzepte, Methoden und Anwendungen. München:
     Psychologie Verlags Union, 2002
150 Flick U. Qualitative Evaluationsforschung – Konzepte,
     Methoden, Anwendungen. Reinbek: Rowohlt, 2006
151 Mayring P. Qualitative Inhaltsanalyse. Grundlagen und
     Techniken. Weinheim: 2007
152 Sandelowski M, Barroso J. Classifying the findings in
     qualitative studies. Qual Health Res 2003; 13: 905–23
153 Hani MA, Keller H, Vandenesch J, Sonnichsen AC,
     Griffiths F, Donner-Banzhoff N. Different from what
     the textbooks say: how GPs diagnose coronary heart
     disease. Fam Pract 2007; 24: 622–7
154 Mayring P. Einführung in die qualitative Sozialfor-
     schung. Weinheim: 2002
155 Diekmann A. Empirische Sozialforschung. Reinbek bei
     Hamburg: 2001
156 Schnell MW, Heinritz C. Forschungsethik. Bern: Hans
     Huber Verlag, 2006
157 Miller FG, Emanuel EJ. Quality-improvement research
     and informed consent. N Engl J Med 2008; 358: 765–7

Stichwortverzeichnis

A

Aggregate 45, 58
Anonymisierung 100
AQUA-Institut 27
Arbeitsroutinen 75
arriba 26
– Anwenderbefragung 26
– Beratungskompetenz 26
– Diffusion 28
– Drehbuch 26
– Entwicklungsprozess 26
– hausarztzentrierte Versorgung 28
– Pilotstudie 27
– Risikoformel 26
– Software 26
– Umsetzungshilfen 27
– Wirksamkeitsstudie 27
Attrition-Bias 55, 102
Audit 19

B

Bedeutungsäquivalenz 70
Behandlungseinheit 45
Behandlungszufriedenheit 65, 101
Benefizienz 106
Beobachtungseinheit 45
Beobachtungsstudie 23, 110
Beratungshilfe 34
Beratungskompetenz 26
Betreuungs-Bias 101
Bias 53
– Attrition-Bias 102
– Betreuungs-Bias 101
– Formen 100
– Hawthorne-Effekt 101
– Interviewerbias 102
– Rekrutierungs-Bias 100
– Response Set 101
– soziale Erwünschtheit 100
– Teleskop-Bias 101

C

Checkliste 92
Cluster Sample Size Calculator 40
Cluster-Randomisierung 38, 39
Codeliste 88
Compliance 54
computerunterstützte Analyse 89
Concept Mapping 87
Confounder 36

Confounding 34, 58, 100
Critical-incident-Methode 36
Cross-over 54
Crossover Design 39
culture-sharing group 80

D

Datenerhebung 79
– Effektmodifikatoren 58
– Kontext 58
– Zielkriterien 58
Datenerhebungsbögen 73
Datenlücken 75
Datenqualität 75
Deckeneffekt 59
Definitionen
– Diffusion 8
– Dissemination 8
– Entwicklung 8
– Evaluation 8
– explanatorische Studie 8
– Implementierung 8
– pragmatische Studie 8
– Praxistest 8
Diffusion 28
– Definition 8
disease related quality of life 63
Disease-Management-Programm 16
diskriminative Sampling 80
Dissemination
– Definition 8
Dissonanz, kognitive 16

E

Einwilligung 110
Einzelfallanalyse 88
Elaboration Likelihood Model 17
Entwicklung
– Definition 8
Ereignisliste – Zeit-Matrix 92
Erinnerungshilfen 19
Ethikkommission 110
Ethnographie 80
– kritisch 81
– realistisch 81
ethnographische Ansatz 80
Evaluation 114
– Definition 8
explanatorische Studie
– Definition 8
Explikationsmaterial 89

externe Heterogenität 89

F

Falldokumentation 73
– Aufwand 73, 74
– Gütekriterien 73
– Pilotphase 75
– Qualitäts-Check 75
Falldokumentationen
– Gestaltung 74
Falldynamik-Matrix 94
Fallidentifikation
– inzidente Fälle 46
– prävalente Fälle 46
Fallstudie 81
Fall-Vignette 60
Fallvignetten 65
Fehler I. Art 41
Fokusgruppe 72
Folk Taxonomy 93
Formularkopf 74
Forschungsfrage 75
Fragebogen 48
Fragestellung
– explorativ 22
– konfirmatorisch 22
Framingham-Studie 26

G

Generalisierung 96
Gesetz von Lasagna 47, 101
Gesundheitssystem 2
grounded theory 79
– konstruktivistischer Ansatz 80
– systematisch analytischer Ansatz 79
Gruppenanalyse 81
Gruppenmeinungen 72

H

Hausarztregistrierung 46
Hawthorne-Effekt 101
health related quality of life 63

I

ICH-Richtlinien 106
Implementierung